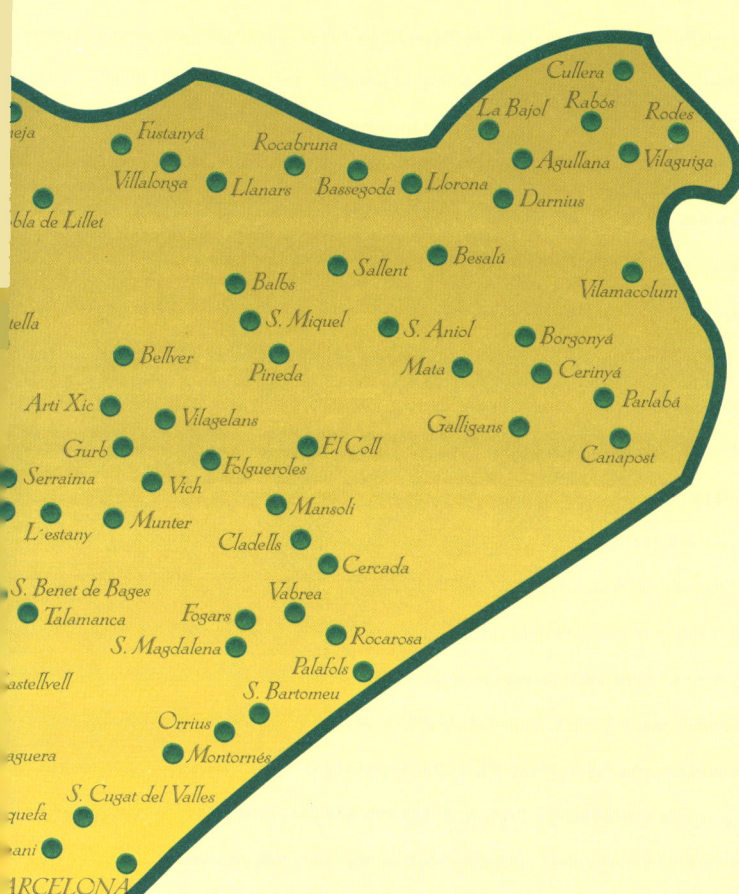

Rutas románicas

Rutas románicas
en
Cataluña/2
(provincias de Girona y Lleida)

SIMBOLOGIA DE LA INFORMACION TURISTICA COMPLEMENTARIA

Camping y su categoría	▲
Fiestas patronales	✝
Celebraciones tradicionales	🛡
Alojamiento y su categoría	H***
Restaurantes	R
Paraje natural de interés	⛰
Casas rurales	🏠
Otros monumentos de interés artístico	📷
Lugar en el que se encuentra la llave para acceder al edificio	🔑
Localidad más cercana que se recomienda visitar	☞
Dirección	✉
Teléfono	☎
Horario abierto al público	🕐
Recinto urbano medieval	🏰
Ciudad monumental	✶
Excursiones a pie recomendadas	🚶
Recomendamos esta visita como:	E * Interesante E ** Importante E*** Imprescindible

Autores	Eduard Junyent
Fotografía	Zodiaque
Primera edición	Septiembre 1996
© 1996	Ediciones Encuentro, S. A. - Madrid Cedaceros, 3 - 2.º - 28014 Madrid Teléf. (91) 532 26 07 - Fax (91) 522 51 23
I.S.B.N. colección I.S.B.N. volúmen Depósito legal Printed in Spain	84-7490-377-7 84-7490-403-X M-26344-1996 Impreso en España
Fotomecánica Fotocomposición Impresión Encuadernación	LUCAM - Madrid ORCHE, Doña Mencía, 39 - Madrid ARTEP, S.A. - Madrid SANFER - Madrid

ÍNDICE

El arte románico en Cataluña: Siglos XI y XII 9

Girona 25

Ruta 1: Gironés - Selva - Pla de L'Estany - Baix Empordà

Girona
Catedral 27
Sant Pere de Galligans 51
Museo Diocesano de Girona.
Bellcaire 52
Pedrinyà 52
Ravos del Terri. Sant Cugat 53
Porqueres. Santa Maria 53
Sant Miquel de Campmajor.
Sant Miquel 54
Cruïlles. Sant Miquel 54
Bellcaire d'Empordà. Sant Joan 55
Caldes de Malavella. Sant Esteve 55

Ruta 2: Alt Empordà

Vilabertrán. Santa Maria 57
Vilanova de la Muga 58
Roses. Santa Maria 58
Palau Saverdera. Sant Joan 58
Sant Quirze de Culera 59
Santa Maria de Culera 59
Sant Miquel de Fluvià. Sant Miquel 59
Navata. Sant Pere 60
Lladó. Santa Maria 60

Ruta 3: Garrotxa

Sant Joan les Fonts. Sant Joan y Sant Esteve 61
Besalú 62
Palera. Sant Sepulcre 63
Beuda. Sant Feliu 64
Sant Esteve d'en Bas. Sant Esteve 64
Bianyà. Sant Salvador 64

Ruta 4: Ripollès

Ripoll. Santa Maria 65
Campdevànol 90
Sant Joan de les Abadesses 91
Camprodon. Sant Pere 91
Llanars. Sant Esteve 92
Vilallonga de Ter. Sant Martí 92
Molló. Santa Cecília 93
Sant Pere d'Aüira. Sant Pere 93
Montgrony. Sant Pere 93
Toses. Sant Cristofol 94

Lleida 95

Ruta 1: Segrià - Noguera - Pallars Sussa

Lleida 97
Ager. Colegiata de Sant Pere 98
Castell de Mur. Santa Maria 98
Covet. Santa Maria 99

Palau de Rialb. Santa Maria	100
Ponts. Sant Miquel	100

Ruta 2: Alta Ribagorça - Val d'Aran - Pallars Sobira

Santa Maria de Lavaix	101
Durro. Nativitat	101
Taüll. Sant Climent y Santa Maria	101
Erill la Vall. Santa Eulàlia	121
Salardú. Sant Andreu	122
Tredós. Sant Joan	122
València d'Àneu. Sant Andreu	123
La Guingueta d'Àneu. Santa Maria	123
Sant Pere de Burgal	123
Gerri de la Sal. Santa Maria	124

Ruta 3: Alt Urgell - Andorra

La Seu d'Urgell. Santa Maria	125
Estamariu. Sant Vicenç	138
Sant Serní de Tavérnoles	139
Santa Coloma de Andorra	139
Anyós	140
Organyà. Santa Maria	140
Coll de Nargó. Sant Climent	140

Ruta 4: Solsonés - Segarra - Urgell

Solsona. Museo Diocesano. Casserres: Iglesia de Sant Pau	141
Pedret: Iglesia de Sant Quirze	142
Olius. Sant Esteve	143
Madrona. Sant Pere	144
Cellers. Monestir de Sant Celdoni y Sant Ermenter	144
Agramunt. Santa María	144

Objetos y Estatuas

Objetos y Estatuas	147

El arte románico en Cataluña: Siglos XI y XII

El arte románico en Cataluña

Al extremo del área geográfica del románico europeo, Cataluña ocupa un ángulo reducido en el que proporcionalmente se ha conservado mayor número de monumentos. Restringido todavía este rincón a las actuales provincias de Barcelona y de Gerona y Norte de Lérida, ofrece en el macizo interior de ellas, con antelación al progreso constructivo del siglo XII, una arquitectura muy definida y característica por su homogeneidad que abarca un siglo de producción desde las primeras décadas del siglo XI. A diferencia de la gran arquitectura monumental, más conocida como románica por su signo netamente europeo, la ausencia absoluta de escultura y la severidad funcional de la estructura la sitúan en íntima unión con las maneras típicas de construir de los anónimos maestros lombardos, constructores que se adentraron en el país a renovar los edificios religiosos en un momento inicial de reconstrucción en el que dejaron las huellas inconfundibles de un estilo. Casserres y Cardona expresan la grandiosidad lograda en sus formas que culminan en San Llorens del Munt, Corbera y Frontanyà, desde que es dado ver en Montbui el empuje adquirido por ellas que, cien años más tarde, todavía repercuten en los altos valles pirenaicos hasta Taüll. La visión y comprensión de estos monumentos se endereza a destacar el relieve que adquirió la manifestación del estilo lombardo en sus consecuciones más definitivas y en la irradiación que obtuvo a través del país a tenor de la carta topográfica y de las breves noticias referentes a las iglesias más señaladas.

El siglo XI

Formado a raíz de la reconquista a los árabes, el país catalán le debe a los factores que la determinaron y a las circunstancias que concurrieron a su consolidación los elementos que convergieron a imprimirle las acusadas características que lo señalan en el período de la cultura románica. Ni la ocupación árabe fue tan intensa que borrara las huellas de un pasado profundamente enraizado en la romanización del país, que vivía todavía de su exponente secular dentro de la evolución cristianizada, ni el movimiento de recuperación después de las sacudidas de las invasiones impuso inmediatamente una nueva uniformidad que destacara por su signo de vitalidad carolingia. El influjo de los poderes que se disputaron el país tuvo que contar con una población apegada a sus costumbres en función del derecho, aposentada en un régimen agrícola dentro de la distribución territorial de las villas, todavía organizada religiosamente según la disciplina canónica de una iglesia visigoda, para que no se diera un lento proceso de asimilación antes que no madurara en pleno la conciencia del vigor que se desvela en el despertar europeo. País de choque entre dos mundos que se disputaron la hegemonía, recibió, a la par que las incursiones militares de uno y otro bando, el flujo y reflujo de las corrientes de cultura que ambos representaban: el de la estructuración política que se le imprime desde la corte carolingia con la consiguiente reorganización eclesiástica y reforma monástica; el de los reflejos del mundo hispánico acentuados por los destellos de la cultura del califato de Córdoba, con las sendas abiertas a las corrientes poderosas que convergieron a amalgamar elementos dispares en la constitución de un país que se personalizó en todos sus aspectos.

Los condados catalanes que constituyeron la Marca Hispánica en el extremo Sur del imperio carolingio, a caballo de las estribaciones de los Pirineos, respondieron a una exigencia anterior, determinada por los mismos factores históricos que fijaron la manera de ser de la población en los diversos agrupamientos humanos en cada demarcación o comarca: circunscripciones territoriales de organismos civiles y de obispados que, apenas liberadas del dominio sarraceno como el Rosellón, la Cerdanya, Urgell y luego Empúries, Besalú y Gerona y asimismo Barcelona, se completaron con la repoblación del territorio interior de Ausona y del Berguedà, para constituir desde el año 875 un conjunto coordinado que, en el curso del siglo X al XI, ensancha la frontera occidental llevándola desde el río Llobregat al Gaià, y absorber finalmente hacia su centro de unidad los condados extremos del Pallars y Ribagorça.

Las últimas sacudidas del empuje militar cordobés que, en el 985, llegan a la destrucción de Barcelona dirigidas por Almanzor, y que en 1003 afluyen hasta Manresa, pusieron de manifiesto que los condados catalanes habían quedado desprovistos del auxilio de la corte franca. Con ello se creó una situación de hecho que condujo a una completa independencia de acción, a cuya iniciativa debieron encauzarse los propios esfuerzos hacia el afianzamiento de las instituciones cada vez más compenetradas con la corriente cultural europea desde principios del siglo XI. Por una parte el influjo cordobés se había desvanecido en el derrumbamiento del califato y, al dejar de ser una amenaza la frontera con los árabes, ésta se transformó en una cabeza de puente abierta al ensanche de los dominios que, por otro lado, se incorporaban a un sentido político de la reconquista. Terminado el cruce de las corrientes anteriores sobre el país, los condes y las dignidades episcopales y abaciales que se lo distribuyen dentro del seno de pocas familias lo enderezan hacia una reintegración totalitaria en íntima relación con Francia e Italia y al amparo de la hegemonía pontificia, cuyo camino de Roma habían empezado a trillar desde el último tercio del siglo X, así que se notó la mengua de la eficacia hallada hasta entonces en la corte carolingia.

El nuevo impulso de reintegración parte desde la segunda década del siglo XI, como si todo hubiera cambiado a la vuelta de las huestes catalanas que intervinieron en las luchas de Córdoba en 1010. Coincide con el florecimiento adquirido por los monasterios a través de la reforma iniciada en Cuixà por el abad Guari, ampliamente impulsada desde Ripoll bajo el patriarcado del abad Oliba; con el peso decisivo que éste ejerce luego, una vez obispo de Vic, sobre el organismo de la diócesis y que inmediatamente se hace extensivo a las demás gracias a su mente rectora, cuya iniciativa se impone a los próceres a medida que se afianza su prestigio en la corte condal de Barcelona, regida en la minoría de Berenguer Raimundo I y de Raimundo Berenguer I por su madre y abuela la condesa Ermesinda. Arranca de la intensidad que adquiere la fortificación y consolidación de la línea fronteriza occidental al reconstruirse los castillos y las iglesias que tanto sufrieron durante las últimas invasiones de los árabes; del afán de renovación que se impone en las comarcas interiores para sustituir en formas definitivas las construcciones de carácter religioso que en gran parte fueron improvisadas desde los inicios de la repoblación. Todo ello atrajo la intervención de nuevos constructores, canteros y maestros que, al desparramarse sobre el país, trajeron consigo las modalidades de la arquitectura lombarda que pronto cristalizaron en modelos y estructuras inconfundibles. Operarios continuadores de los *magistri comacini* que procedentes del Norte de Italia y más conocidos por lombardos, dejaron arraigada en Cataluña hasta principios del siglo XIV la denominación de *lambart* para significar la profesión de constructor y arquitecto.

Puig y Cadafalch ha dejado establecidas las características de una modalidad específica del románico catalán, típico del siglo XI, consistente en una severa funcionalidad de soluciones puramente arquitectónicas en la adopción metódica de la bóveda, que clasificó como pertenecientes a un primer arte-románico; obra rústica de pequeños moellones mal cortados empleada en estructuras carentes de toda clase de adorno escultórico; a diferencia de su empleo posterior que, según dicho autor, constituiría la característica del segundo románico junto con el uso de la piedra labrada. El análisis más detenido de los monumentos, logrado a través de esta sistemación establecida por el insigne investigador, comprueba la existencia de tal modalidad de edificios con rica variedad constructiva, pero no con la extensión simultánea que se presuponía en todo el país, ni menos como resultado del empleo sistemático de la bóveda, que en realidad se venía realizando desde mediados del siglo X, sino como un fenómeno que se produjo en una delimitación determinada obedeciendo a causas concretas, rigurosamente innovador y sin precedentes que, al mismo tiempo, se contraponía a la corriente general que todavía predominaba dentro del arraigo de la tradición escultórica.

Basta dar una ojeada sobre la carta geográfica en la que se registran las iglesias clasificadas en su puro estilo lombardo, para darse cuenta que sus mejores ejemplares y las zonas de irradiación que ellos cubren se extienden con mayor intensidad de número y de formas dentro de los territorios que fueron objeto de la repoblación operada por el conde Wifredo desde el año 875 en el área central de Cataluña, coincidiendo con el condado de Ausona, comarca del Berguedà y territorios de la frontera occidental dentro del radio de acción del obispo Oliba. Si se tiene en cuenta que las iglesias levantadas en este territorio, a medida que se fue organizando desde el punto de vista religioso, tuvieron que ser improvisadas con escasos medios económicos y resueltas en su mayoría con materiales pobres de tapia y piedra rústica según indican los documentos, aunque algunas de ellas pudieron ser sustituidas por estructuras más sólidas, es evidente que fue necesaria la renovación de casi todas ellas así que las circunstancias concurrieron en un período de mayor prosperidad cual fue el de este momento que motivó la introducción masiva del influjo lombardo. En los territorios de los demás condados la evolución constructiva, seguida sin interrupciones, había permitido el desarrollo de una arquitectura que, desde la mitad del siglo X, aplicó a las iglesias el uso de la bóveda de acuerdo con el gusto ornamental escultórico. La vida religiosa se había deslizado normalmente en ellas permitiendo la paulatina contextura de sus edificios que todavía persistían en gran parte a principios del siglo XII cuando sucumben al predominio del arte románico que se había introducido anteriormente con la arquitectura lombarda a través de sus infiltraciones, pero hermanándose ya con la corriente general que integraba entonces la aplicación de la escultura ornamental. En cambio la región central donde se produjo la manifestación lombarda, motivada por una anterior necesidad de renovación, no recae en vano bajo la jurisdicción directa del obispo Oliba para no ver en él el impulsor que dispuso de equipos de constructores llamados a edificar unos tipos de iglesias que se adaptaron a las exigencias litúrgicas, sobre todo en la manera de ser del santuario. Está a indicarlo el hecho de que sustituyera la cabecera de la basílica construida pocos decenios antes en Ripoll para ampliarla en el majestuoso transepto dotado de siete ábsides; lo mismo que luego realizara en parte transformando el ábside central de Cuixà y aun en iglesias de menor importancia como se constata en Montbui; imponiéndose así la presencia del ábside semicircular abierto como elemento indispensable que transformó el espacio en torno al altar, cerrado por el arco triunfal típico de la arquitectura de tradición hispana, que en su tiempo subsistiría aun en el concepto de la iglesia determinado por una liturgia caducada.

La nueva orientación litúrgica por efecto de la asimilación de la romana y el uso de la bóveda habían iniciado ya una evolución arquitectónica de valoración del ábside que se nota en los condados ultrapirenaicos y que penetra en el de Empúries cuando, en 1022, se consagra la iglesia del monasterio de Sant Pere de Rodes en un alarde de expresión monumental que no queda truncado en esta parte de Cataluña. Es cierto que con ello se nota ya la presencia de constructores lombardos que dejan su sello inconfundible aun restringiéndose a la elaboración de ciertos elementos tradicionales del país, según aparece en la basílica de Santa María de Roses, o bien manifestándose con sus tipos constructivos en algunas pocas iglesias diseminadas por los territorios de Empúries y Gerona. Pero es sólo hacia la región central, anteriormente señalada, donde mayormente afluyeron los canteros lombardos atraídos a las obras de renovación emprendidas por el obispo Oliba, proseguidas por sus sucesores y secundadas al mismo tiempo por los vizcondes de Ausona y los próceres económicamente interesados en la consolidación de la frontera y en la prestancia de sus dominios en el interior. La construcción simultánea de Ripoll, consagrada en 1032, de la catedral de Vic, en 1038, de la basílica de Casserres en 1039 y de la magnífica de Cardona en 1040, sólo para citar las de más prestancia, son obras suficientes para situar el foco de una proyección extraordinaria que se extendió durante el siglo XI a gran parte de las iglesias de la diócesis de Vic y de las situadas en los dominios de Ripoll, irradiando igualmente hacia las comarcas limítrofes con una misma modalidad de tipos y de estructuras y perdurando intensamente hasta las primeras décadas del siglo XII, cuando la reacción artística de las comarcas extremas y pirenaicas se encauza hacia un arte de mayor monumentalidad que no olvida los antecedentes escultóricos que resurgen al contacto de las infiltraciones de corrientes importadas por los monasterios franceses a través de las estrechas relaciones de dependencia y dominio alcanzados con motivo de la reforma gregoriana.

La obra lombarda no consiste en un trasplante absoluto de modelos que los canteros y maestros trashumantes hubiesen importado del Norte de Italia. La arquitectura a la que estaban habituados en las iglesias resueltas con cubierta de madera debía adaptarse a la estructura impuesta por el empleo de la bóveda, según se practicaba desde medio siglo antes en las iglesias del país, utilizada ya en la del monasterio de Banyoles en 957 cuando se renovó el templo que había sido incendiado por los infieles. La bóveda condicionaba el concepto arquitectónico de la estructura; a su peso los muros dejan de ser unas simples paredes que circuyen el espacio en función de soporte del maderamen de la cubierta. Se robustecen y aumentan de espesor y se apoyan en arcos de trabazón para incurvarse en el cierre hemicilíndrico de la cubierta, proporcionados al empuje de ésta, con menos aperturas y con las ventanas hendidas en tragaluz a doble derrame. El edificio pasa a ser previsto en su totalidad desde los cimientos con el plan perfectamente ligado al sistema de la cubierta, calculado con una logicidad de la función constructiva que ordene las piedras al ascender en hiladas sobrepuestas y remontar hasta el remate del edificio sin salirse de su misma necesidad en la obra, moldeando el ambiente y creando los espacios dentro de la racional exigencia de la forma. El resultado traduce la austera expresión de una fuerza armónica cuyo equilibrio gravita en su misma robustez dentro del juego de incurvaciones derivadas de los planos verticales de los muros que, a su vez, se cierran en los hemiciclos absidados en el interior del plan de una nave, o bien se amplían mediante arcuaciones que los perforan apoyándose en los pilares que multiplican las naves. Así se logra mantener la espaciosidad del área basilical que alcanza empero una nueva versión de auténtico sabor emotivo tanto cuando el artista ideador recurre a la máxima simplicidad dentro de lo grandioso en la imponente iglesia del monasterio de Casserres, como cuando elabora todos los recursos y elementos posibles y los combina sabiamente en la impresionante iglesia de Cardona al armonizar bóvedas de cañón y de arista en el encaje de arcos torales y formeros sobre el que asoma la tímida expresión de la cúpula.

Pero en la obra lombarda catalana la arquitectura no se limita a edificar iglesias de plan consabido de una nave o de tres según la mayor o menor capacidad demandada. Se complace en recrear otras formas en las que la solución del espacio gana en expresividad emotiva por medio de estructuras más comprimidas y monumentales en las que sobresalen auténticas fórmulas que se difundieron rápidamente. Un primer ensayo de reducción del ámbito basilical, como aparece en Santa Cecília de Montserrat, atrofia las naves laterales que, al quedar más cortas que la central, se comunican con ella mediante un solo arco. Era el paso para concretarse luego con mayor éxito a la solución de colocar al extremo de una nave una cabecera formada por el transepto en el que se abren los tres ábsides. Efecto de un proceso de simplificación en la depuración de la forma y del movimiento ordenador del espacio que presta nuevas posibilidades de estructura para llegar al plan cruciforme y hasta a la aplicación normal de la cúpula en la interferencia central de las cubiertas que externamente se coronan con el cimborio. Una reducción más se obtiene todavía en la erección de iglesias de una nave al suprimir el transepto pero manteniendo las absidiolas que pasan a encajarse una frente a otra, abiertas en las paredes laterales inmediatas al ábside dando una cabecera triabsidal que hacia fin de siglo queda a menudo surmontada por la cúpula. Ambos modelos, el de plan de una nave con transepto y el de cabecera triabsidal, obtuvieron una repercusión intensa como obras más utilitarias aun en su aspecto monumental que produjo el estilo lombardo al lado de las iglesias de una simple nave. Tuvo menos difusión el modelo constituido por el plan circular cerrado en cúpula y con uno o más ábsides sobresalientes.

El sistema de bóveda utilizado es el de cañón seguido semicircular que sirve admirablemente para cubrir las naves y los transeptos, apoyándose a menudo en arcos torales que los seccionan en tramos. Las bóvedas se producen paralelas en las basílicas con la debida degradación de altura si se funden bajo la misma cubierta externa a dos pendientes, o a alturas distintas cuando la nave central queda más elevada. Se encogen en cuarto de círculo en la copertura de las colaterales hacia lo último del período y fuera de la región central en el extremo oriental pirenaico. Se contraponen en la intersección de la nave con el transepto y siempre que han de sustentar la base de la cúpula, excepto en la iglesia de Corbera en que se mantienen paralelas en los extremos del transepto. Es más raro el empleo de la bóveda por arista que se aplica a la cubierta de las criptas, apareciendo únicamente en las naves colaterales de Cardona y en el cuerpo que reúne los ábsides en la cabecera de Sant Serni de Tavérnoles. Propia de los ábsides es la cubierta hemisférica cerrada por hileras horizontales de moellones o mediante piedras inclinadas en arco degradante. Las cúpulas se resuelven en bóvedas de rincón de claustro, que no resultan esféricas sino de ocho paños cilíndricos, elevadas sobre trompas cónicas situadas en los ángulos del cuadrado de la base y embebidas en los cimborios sobresalientes al externo de la cubierta que toman la figura circular en Salou, o poligonal en la mayoría de los casos, aunque a veces adquieran escasa expresión o se limiten a un cubo como en Sant Ponç de Corbera, utilizadas a veces como base de un campanario.

Los constructores lombardos pudieron asimilar rápidamente las soluciones abovedadas dentro de un repertorio de recursos arquitectónicos precisos que en parte perduraban en los restos de edificios romanos sobrevividos a las destrucciones y en parte habían sido proseguidos, inspirándose en las modalidades adquiridas por la manera de ser de los edificios que el arte cristiano había fijado en los planos de basílicas, iglesias cruciformes y cellas trícoras, dando de ellos la nueva versión que se creaba en su estilo; en su arte de construir diverso del país en el que vinieron a aportar sus métodos y a recrear las formas. Lenguaje propio con raíces profundas de expresión en el predominio absoluto de la estructura sobre el adorno y en la sujeción total de los pocos elementos decorativos a la manera de construir, con el que lograron una arquitectura de convincente sinceridad y de sobria grandeza cual convenía a un momento austero en que debían ser construidas en firme las iglesias de la parte central de Cataluña inspiradas por la reunificación litúrgica bajo el impulso del obispo Oliba.

El aparejo se caracteriza por el empleo de piedras apenas cortadas a martillazos en proximidad de la obra, como más similar al de la arquitectura de ladrillos conocida por los lombardos; tiende luego hacia la regularidad de los moellones que se impone en los mejores edificios construidos desde la mitad del siglo XI cuando los documentos elogian la perfección de los muros levantados con la nobleza de piedras escuadradas y pulidas; asoma más tarde el picapedrero que interviene en los reducidos elementos de adorno, cornisas, ménsulas y capiteles trapezoidales para ventanas geminadas, antes que llegue el fin de siglo imponiendo la piedra labrada en bloques de mayor tamaño. De la misma procedencia que la arquitectura de ladrillo elaborada en Lombardía por efecto de la asimilación de antiguas influencias orientales, llegan asimismo las fórmulas de los elementos de decoración que pasan a ser característicos de los ábsides consistentes en resaltes formados por pequeñas arcuaciones divididas por lesenas que revisten el muro bajo la línea de la cubierta. Elemento típico que invade las paredes laterales y aun las fachadas en las mejores construcciones y que se destaca también como norma resolutiva para acusar las caras de los distintos pisos que forman las torres de los campanarios. El empleo de piedra tosca o de distinto color en estos resaltes, igual que en el dovelado de ventanas y puertas, contribuye a menudo a enriquecer la estructura con una nota de policromía. Junto a las arcuaciones aparecen asimismo los frisos en dientes de sierra que en algunas iglesias corren por encima de aquéllas, y del mismo modo las ventanas ciegas que se conjugan alojándose bajo las arcuaciones en el resalte de los ábsides y que en Ripoll y Cardona se producen también en el transepto, y en Tavérnoles, Sescorts y Vilalleons se extienden a lo alto de los muros laterales de la nave, mientras en Bellcaire sólo se insinúan cerca del ábside, para sobresalir en el adorno de los paramentos externos del cimborio en Frontanyá, Salou y Santa Eugènia de Berga. Estos elementos inconfundibles constituidos por el aparejo, frisos en dientes de sierra, ventanas ciegas y sobre todo por las arcuaciones enmarcadas por lesenas forman el sello típico de la obra lombarda en conjunción con la estructura del edificio. De las obras maestras trascienden a sus repeticiones y a las interpretaciones que los constructores del país multiplicaron doquiera en tantas iglesias similares adaptadas al medio ambiente y a la topografía. Su prevalencia perdura hasta muy entrado el siglo XII cuando ya, dentro de la evolución de lo románico, predomina la sustitución de las lesenas por medias columnas y se impone la supresión de aquéllas para dejar al aire las arcuaciones tratadas con piedra de labra que pronto pasan a ser apoyadas sobre ménsulas discurriendo por debajo de las cornisas que señalan la techumbre.

La renovación de la basílica de Ripoll consagrada en 1032, con la ampliación dada por Oliba en el grandioso transepto con sus siete ábsides y los dos campanarios, señala el auge de las construcciones emprendidas por el obispo que culminan en la catedral de Vic, consagrada en 1038, formada al lado de un esbelto campanario por una poderosa nave unida a un transepto dotado de cinco ábsides, el mayor de ellos con un espacioso desarrollo sobre una cripta. Simultáneamente los vizcondes de Ausona hacían erigir las iglesias de Casserres y de Cardona. Todo ello representaba una intensidad constructiva que inmediatamente repercute en esta parte central de la vieja Cataluña. El afán de sustituir las rústicas y pobres iglesias apenas renueva el tipo basilical que, si en Casserres y Cardona logra un nuevo concepto, sólo subsiste en Malla, Terrassola y Castellcir. Se recurre en cambio a planes más reducidos que tienen mucha mayor difusión: el de una nave con transepto y tres ábsides, al que hacia el fin de siglo se le sobrepone la cúpula: el de una nave con cabecera triabsidal que sólo ofrece la cúpula en Sant Joan de Fábregues; y especialmente el de una sola nave más o menos espaciosa que logra versiones de monumentabilidad en las iglesias levantadas en los dominios de los vizcondes de Ausona. Las mismas modalidades se constatan simultáneamente en iglesias que se levantaron hacia el extremo del obispado de Vic en proximidad de la frontera con los árabes, no sólo en las de una nave que se extienden hasta Boixadors y Queralt, sino en los primeros ensayos de reducción del espacio que se encoge a una nave con transepto y tres ábsides en Santa Cecília de Montserrat, Castellfollit del Boix y Sant Pere de l'Erm. Iguales características se repiten a últimos del siglo XI y comienzos del siguiente a través de la comarca del Vallés y en dirección hacia la frontera por el extremo del condado de Barcelona, en que el tipo basilical sólo perdura en Sant Llorenç del Munt en 1066 y en la Pobla de Claramunt, en contraposición con multitud de iglesias de una sola nave y de otras dotadas de transepto, entre las que emergen la de Corbera y la de Terrassa ambas con cúpula, además de las triabsidales que rematan todas en cimborio.

La irradiación de Cardona se refleja por las tierras del Berguedà y también en la comarca de Urgell, territorios en los que persiste en cambio el tipo basilical que todavía aparece cubierto con armaduras de madera en Estamariu, mientras que en Sant Serni de Tavérnoles se cubre con bóveda y se remata en plan de cabecera monumental poliabsidada, y en Gualter se combina con la cúpula reflejando un modelo más evolucionado de arquitectura propio de las comarcas de Gerona que reaparece asimismo en Ager. La modalidad de iglesias de una nave con transepto sólo es adoptada en Meia hacia 1037 y en Sant Pere de Urgell, logrando monumentalidad en Serrateix y sobre todo en Frontanyá donde se combina con el cimborio. En cambio aparece el plan cruciforme con cúpula en Sant Cugat de Salou, uno de los tantos dominios del monasterio de Ripoll, en el que cabe ver la mano de un maestro que realizó una obra de elegante forma expresiva que se repite luego en otras iglesias de las proximidades. Es raro, empero, el plan de cabecera triabsidal adoptado a principios del siglo XII en la construcción de Sant Pere de Pons, con la característica de las ventanas ciegas alojadas bajo las arcuaciones que forman el adorno de los ábsides, no siendo asimismo tan abundantes las iglesias de una nave.

Más escasas van quedando éstas según las características lombardas a medida que se remontan los valles pirenaicos en los que el estilo se desarrolló tardíamente durante las primeras décadas del siglo XII sin ninguna aportación de las estructuras que le eran propias y sólo con la aplicación de los elementos típicos de ábsides con resaltes de arcuaciones y lesenas y de esbeltos campanarios que las adoptan en los paramentos de los muros. Así se explica que perviviera la tradicional disposición en plan basilical cubierto con armaduras de madera en el monasterio del Burgal y en el núcleo de iglesias que se desarrollan en torno a las de Taüll, consagradas éstas en 1123, aunque la bóveda fue adoptada en alguna de época anterior como en Santa Cecília de Elins.

La misma irradiación que se produce desde el macizo central hacia el Vallés llega con menor intensidad en dirección al litoral, pero con iglesias generalmente de una nave; sólo con transepto en Canet d'Adri y de cabecera triabsidal en Sant Pol de Mar, en la que los ábsides quedan embebidos en el macizo del muro semicircular. La iglesia cruciforme de Sant Daniel de Gerona, construida hacia 1020, y la desaparecida catedral consagrada en 1038 de la que sólo queda parte del campanario, no fueron suficientes para propagar un estilo en su pureza característica, que sólo se manifiesta en las iglesias de tres naves de Campmajor y de Palau Saverdera, que pertenecen todavía a las del grupo homogéneo estilístico, igual que la de Amer. En los antiguos condados del Norte pirenaico de esta región tuvo mayor importancia la supervivencia de las antiguas formas de estructura monumental que, al influjo de la iglesia de Sant Pere de Rodes y de Santa Maria de Roses, continuaron la evolución de una arquitectura que insiste en la perdurabilidad del plan basilical, que cubre a menudo las colaterales con bóvedas en cuarto de círculo y que adopta las columnas como soportes de los arcos y en adorno del interior de los ábsides, además de adoptar un transepto que sobresale por sus extremos del cuerpo del edificio. Fluviá, Banyoles y Colera, son los ejemplos típicos al lado de Cruïlles, cuya basílica queda surmontada por una cúpula. En todas ellas la elaboración lombarda fijó sus adornos típicos de arcuaciones y lesenas en los ábsides y aun propagó las ventanas ciegas por debajo de aquéllas en Palau Saverdera y en Bellcaire. El contacto con el Rosellón y valles del otro lado de los Pirineos, donde se produce un fenómeno similar, pudo haber mantenido el vigor de una arquitectura evolutiva que asimila las nuevas modalidades importadas por los lombardos, sin dejarse dominar por ellas, manteniendo las formas monumentales basadas en el empleo de la columna que evolucionan y se imponen en el momento en que quedan agotados y diluidos los recursos de un estilo únicamente amparado en la sobriedad de líneas y en la funcionalidad de estructuras.

No bastaría abarcarlo en todas sus manifestaciones si, al lado de las estructuras de las iglesias en su variado repertorio de modelos, se echaran de menos las torres erigidas en multitud de ellas en función de campanario. Pocas veces aisladas y por lo común unidas al cuerpo del edificio, consisten en elevadas torres de base cuadrada y cubierta baja piramidal, aunque algunas quedaron modificadas en el medievo para terminar en almenas. Aparecen en las catedrales de Gerona y de Vic y en el cenobio de Ripoll dentro de la órbita conocida, igual que en Cuixà y Canigó, y se caracterizan por su gran elevación al flanco de las construcciones monásticas en Fluviá, Sant Cugat del Vallés y Breda o en las iglesias parroquiales de Taradell, Torelló y Tavérnoles, en el Pla de Vic. Son de típica importación lombarda según los modelos que ya habían quedado acuñados en el Norte de Italia con idéntica forma y división en pisos señalados al exterior por los frisos en dientes de sierra que enfajan los muros y los paramentos enmarcados por lesenas bajo arcuaciones donde se abren las ventanas, simples hendiduras en la parte baja que se ensanchan y duplican y triplican a medida que invaden los pisos más altos, divididos por columnitas que soportan capiteles trapezoidales. Sus importadores pudieron obrar estos tipos de construcción con absoluta libertad de acción sin deber atenerse a precedentes, inexistentes en el país, que les obligaran a adaptar los modelos que llevaban consigo. Por esto se producen en todo el país con mayor radio de expansión a la que su multiplicidad rebasa el área normal y penetra en las comarcas periféricas adentrándose en los valles pirenaicos cuando ya se difundían los pequeños y deliciosos campanarios, que cargan sobre las bóvedas de las naves del templo y aun sobre los mismos cimborios.

El conjunto rebosante de monumentos conservados en Cataluña, manifiesta hasta qué punto fue intensa la actividad constructiva durante el siglo XI, mucho más si se tiene en cuenta que en las comarcas centrales el gran número de iglesias edificadas en los siglos XVII-XVIII sustituyeron a las románicas primitivas y que son muy escasos los restos que han quedado de los numerosos castillos que se erigieron en todas partes. La obra de los maestros lombardos vino a realizar una ingente empresa que, al responder al esfuerzo colectivo de renovación, lo elevó a fórmulas precisas, perfectamente encajadas al austero concepto de simplicidad. Las catedrales y los monasterios se sujetaron a ellas con el nuevo énfasis de una consecución lograda y a su ejemplo proliferaron infinidad de iglesias que los próceres edificaron en sus dominios y que los parroquianos levantaron a sus expensas. Así se propagó un estilo inconfundible, que se identificó durante varios siglos con la personalidad del país en que se había desarrollado.

El siglo XII

Un vigoroso impulso anima el arte románico en Cataluña durante el siglo XII. Sus últimas manifestaciones se dejan sentir hasta el siglo siguiente. El arte románico adquiere entonces un tono distinto al que había conocido en el período precedente, definido éste por el carácter monumental de sus construcciones religiosas, a las cuales se integran las formas decorativas de la escultura y de la pintura. Su desarrollo, parecido al del arte románico europeo, se realiza paralelamente a una expansión territorial, que alcanza un cierto equilibrio con la de los países vecinos. La propia arquitectura, conservando las estructuras de sabor local, se impregna de las influencias extranjeras hasta producir importantes modelos. Sin embargo, es en escultura y en pintura donde se manifiesta con mayor fuerza la vitalidad del arte catalán. Los claustros de las catedrales, como el de Gerona y de los monasterios como Sant Cugat del Vallés, l'Estany, Sant Benet de Bages y Sant Pau del Camp, nos conducen hacia un mundo sorprendente impregnado de serenidad, y palpitante de vida. La contemplacion de los grandes conjuntos pictóricos, procedentes de los ábsides de las iglesias y conservados en gran número, nos sume en la más profunda admiración. Se experimenta una emoción estética ante el lenguaje pictórico que adquiere su más alta expresion en las abundantes obras de pintura sobre tabla, celosamente guardadas en los Museos de Barcelona y de Vic.

La evolución artística, que se manifiesta en todos los antiguos condados de Cataluña se intensifica a partir de finales del siglo XI. De nuevo, corrientes renovadoras penetraron con más fuerza, mientras la fórmula lombarda se agotaba en las soluciones arquitectónicas, y éstas declinaban en una monótona repetición. La ola vigorosa que hasta entonces había permitido la expansión de una modalidad específica en la arquitectura de las iglesias, se diluía en la periferia de los centros donde había hallado su origen. La austeridad funcional de este estilo no había resuelto en vano el modelo de los edificios del culto como unas construcciones macizas de piedra permanentes. Esta estructura de base debía predominar en adelante. Pero otro estilo, más elaborado y de refinada composición, se insinuó pronto, introducido por los maestros constructores llamados para levantar obras de mayor importancia. Pronto este movimiento innovador se impuso y marcó todo el país. Las ansias de renovación de los templos alcanzaron a aquellos lugares a los que hasta entonces no les había llegado el momento, tales como los condados del sector oriental, o el fondo de los altos valles pirenaicos. Se produjo de pronto un movimiento que se extendió hacia las tierras conquistadas a los árabes, en el sector occidental. Se intensificó la llegada de los equipos constructores. Algunos venían todavía del norte de Italia, asidos a sus maneras lombardas y acompañados de los decoradores que cubrieron de policromía los muros de las iglesias. Otros bajan de las tierras del Languedoc y de la Provenza; éstos revitalizarán con sus métodos constructivos el sentido de la ornamentación en piedra, integrada en la estructura de los edificios. Unos y otros convergen en la búsqueda del aspecto monumental que se había descuidado durante el período precedente. Ahora, el sentido decorativo cobra nuevo vigor en contacto con la obra de los talleres roselloneses de escultura, mientras al mismo tiempo llegan las influencias que provienen de los talleres tolosanos y se conjugan con las influencias de las corrientes moriscas.

Cataluña había superado hacia el final del período, su primer esfuerzo de reintegración política, que la condujo desde el sentido paternal de sus antepasados, a la conciencia de verdadero estado. La dinastía de Barcelona, formada por los antiguos condados de Barcelona, Gerona y Ausona, se amplió con la fusión de los condados de Besalú, en 1111, los de Conflent y Cerdanya, en 1119, y más tarde el de Rosellón, en 1172. La ampliación tuvo lugar en tiempo del conde Ramón Berenguer III (1096-1131), que casó con Dolça de Provenza y cuyo matrimonio originó la unión de Cataluña con esta rica provincia. Por entonces la reconquista se extendió hasta los límites de Aragón, después de la toma de Tarragona, 1128 y de las conquistas de Tortosa, en 1148 y la de Lérida al año siguiente, llevada a cabo por el último conde Ramón Berenguer IV (1131-1162). Este, casado con Petronila, reina de Aragón, permitió la unificación del reino bajo la autoridad de su hijo Alfonso (1162-1196). El sentido de cruzada contra los árabes, adquirido desde la expedición a Barbastro en 1064, provocó la primera intervención de caballeros forasteros. En definitiva, quedó abierta una ruta hacia nuevos caminos sin fronteras, trillado por guerreros, monjes y mercaderes en un movimiento incesante de intercambio.

El peso decisivo que en este proceso tuvo el cambio operado en la organización de la Iglesia fue importante, influyendo directamente sobre ese espíritu renovador, como las visitas de los legados pontificios, a partir de 1068, para promover la reforma eclesiástica, o la entrega que se hizo de la gran mayoría de los monasterios catalanes a los cenobios franceses de la Grassa, de San Víctor de Marsella, de San Rufo de Aviñon y, en menor grado, al de Cluny. A pesar de que muchas de estas uniones no perduraron, promovieron, no obstante, la permanencia de monjes foráneos y el nombramiento de abades, hasta tal punto, que algunas sedes catalanas estuvieron ocupadas temporalmente por algunos obispos franceses, una vez desvanecidas las intromisiones de los clanes familiares que las detentaban. A consecuencia de ello se produjo un período de luchas que llenó los últimos años del siglo XI y ejerció una influencia decisiva en las obras de construcción emprendidas en este momento. Cuando la calma sucedió a las reyertas, la reacción de la reforma fue enérgicamente mantenida por los obispos, con las fundaciones de canónicas bajo la regla de San Agustín. Estas conocieron una prosperidad real y San Olaguer, canónigo regular de San Agustín y prior de San Rufo de Aviñon, fue elevado a la Sede episcopal de Barcelona y al mismo tiempo se restableció la sede metropolitana de Tarragona. Se establecieron también las órdenes del Hospital, en 1110, del Templo en 1130 y del Santo Sepulcro en 1150, asentando también en el Císter las grandes fundaciones de Poblet en 1149 y de Santes Creus en 1160. El camino hacia la madurez política, marcada por la fusión de elementos que contribuyeron a dar su fisonomía al país, seguida de la ampliación de dominios y saneamiento de la economía, incorporó Cataluña al área mediterránea de expansión, haciéndola oscilar entre dos tendencias: una hacia un reino ultrapirenaico, que no prosperó bajo la presión de Francia, y la otra hacia una expansión que fue definitivamente orientada hacia la conquista de las Baleares y de Valencia.

Las etapas que consolidan la formación del arte románico quedan definidas a través de las causas que determinan la evolución histórica. Es conveniente señalar especialmente el ritmo impuesto por la reforma religiosa a través de la red extendida por los monasterios franceses, y el influjo que tuvo lugar cuando éstos se retiran para dejar paso a las instituciones que vuelven a la forma primitiva y a nuevas fundaciones.

Los aires renovadores pronto surgieron efecto en las proximidades del Rosellón, entre los condados de Besalú, Ampurias y Gerona, donde el movimiento artístico había permanecido. Por ello, impenetrable al impacto de la sobriedad lombarda, se revaloriza sobre todo, en esta zona, el tipo de construcción basilical, con transepto o sin él, pero de nave central cubierta con bóveda de cañón, y en cuarto de círculo las laterales sobre soportes de base rectangular. Son escasos los modelos de tres ábsides con transepto abierto a una sola nave, mientras proliferan las iglesias de nave única. A menudo las columnas aparecen adosadas a los pilares y sostienen también los arcos decorativos de los ábsides, realizados en piedra tallada; arcos corridos en serie y soportados por ménsulas. Pronto son sustituidos por las cornisas de ménsulas bajo frisos con dientes de sierra, en la cima de los paramentos lisos de los muros. Se levantan todavía los campanarios, según las formas típicas de altas torres de planta poligonal, con los pisos enmarcados por arcuaciones, cuyos cuerpos son ya más esbeltos.

Simultáneamente se produce un fenómeno análogo en el otro extremo de los valles pirenaicos, en el obispado de Urgell, donde no había llegado tampoco el movimiento lombardo del período anterior, y las viejas iglesias no son renovadas hasta ahora. En ella se revalorizan el tipo basilical y prolifera el de la iglesia de nave única, mientras escasean también en estos valles las otras estructuras de una sola nave con cabecera complicada. A un sector alrededor del valle de Boí llega el ímpetu de unos constructores lombardos, quienes mantienen la cubierta de madera sobre columnas. Ello motiva la permanencia de la decoración exterior en arcuaciones ciegas divididas por lesenas que se sustituyen por columnas adosadas; como también que persevere, al mismo tiempo, el estilo de los campanarios, cuyas torres son de líneas esbeltas. Pero, en general, se aplica ya la bóveda con el sistema de las naves colaterales cubiertas de cuarto de círculo para contrarrestar la central en bóveda de cañón. También las columnas se adosan a los pilares rectangulares y la ornamentación exterior se resuelve con cornisas de ménsulas en los ábsides, sin que falte la presencia de los portales abiertos en arcos en degradación alojando columnas.

En las regiones interiores de Cataluña, en las que antes se había producido con gran intensidad la corriente lombarda, las iglesias siguen evitando la forma basilical. Son numerosas las iglesias de una sola nave cubierta con bóveda de cañón apuntada, mientras se mantienen todavía los tipos anteriores con tres ábsides, con o sin cúpula, sobre nave única. Las mismas soluciones llegan a la mayor parte de las iglesias que se edifican en las regiones occidentales. Las arcuaciones ciegas siguen encastadas en los ábsides, pero liberadas de sus lesenas, a no ser que aquéllas acaben en simples cornisas molduradas. No obstante, no faltan en ellas los portales flanqueados de columnas. En esta región perdura el movimiento inicial que imprimió una huella profunda perdurable en el estilo de las construcciones posteriores.

Las características, pues, fueron conservadas, pero se le añadieron unos elementos nuevos. En realidad no se creó ningún modelo singular y gran parte de las obras realizadas se estereotipan en unas repeticiones anodinas. Las mejores obras que allí se realizaron proceden de modelos forasteros que retornan a la planta basilical. Tanto es así, que la de la catedral de Urgell, es una obra francamente italiana; responde a formas netamente provenzales la iglesia de Sant Cugat del Vallés, y es de inspiración tolosana la Catedral de Solsona; son también foráneos los cruceros de transepto con nave absidal que surgen en Sant Joan de les Abadesses, Sant Pere de Besalú, e incluso en el monasterio de Poblet. De la austeridad del Císter proceden las absidiolas y las capillas alojadas en el grosor de los muros, los santuarios rectangulares y las estructuras de planta de cruz. En ellos se manifiestan importaciones debidas a las nuevas órdenes monásticas que vinieron a establecerse en las tierras orientales desde la mitad del siglo XIII. Pero durante este último, estas influencias se resienten también de la transición hacia el nuevo estilo que llega: el de las formas góticas.

El conjunto de esta arquitectura se distingue de la precedente por el aspecto diferente de su estructural mural. Ya no está hecha como antes, de piedra tallada a pie de obra, ni de pequeños bloques simplemente escuadrados. Desde finales del siglo XI los bloques son más grandes y las paredes se levantan con piedras de talla, pulimentadas por un tallista, que es un hábil artesano y sabe también modelarlas en piezas de formas delicadas. De lo cual resulta que la capacidad ornamental se ve acrecentada, y proporciona impostas al inicio de los arcos y en el encuentro de los pilares con las bóvedas de los muros. Pronto la talla alcanza las ventanas y los portales y se arriesga incluso en las columnas, donde el tallista se para a cincelar los capiteles. Entre los tallistas de piedra surgen unos artistas expertos en escultura que ensayan figuraciones en las ménsulas de las cornisas, antes de lanzarse de lleno a las obras de las ventanas y rosetones, como también en las de los portales, donde los escultores más hábiles pasan de los capiteles a los tímpanos historiados. Es también el momento de la aparición de los pórticos, que en los monasterios derivan hacia la formación de los claustros de galerías solemnes, entre simples o doble hileras de columnas, con su bosque de capiteles donde se desarrollan ampliamente caprichos ornamentales, temas figurativos, escenas históricas, representados según la imaginación del escultor.

La renovación arquitectónica atrae pronto a los maestros decoradores, quienes, en una técnica rápida pasan a pintar las iglesias. Los ábsides se inundan de revestimientos policromados que fijan la visión eterna de la Majestad de Dios. Los pintores llegan provistos de cánones iconográficos que proceden de viejas tradiciones bizantinas. Perpetuadas, en parte, por las miniaturas de los libros sagrados y renovadas por la evolución alcanzada a través de Italia y Francia. Estas viejas tradiciones pronto se conjugan con unas nuevas formas narrativas inspiradas en los pasajes evangélicos y en las vidas de los santos. Los artistas se arriesgan a pasar de los frescos a la pintura sobre tabla, utilizada como revestimiento de los altares y de los baldaquines. La talla en madera policromada es trabajada por los imagineros, quienes reproducen las figuras de Cristo en Majestad, de la Virgen sentada, con el Niño en su regazo y unos grupos estáticos del Descendimiento de la Cruz. Todas las artes despiertan, para adornar los accesorios del culto; de los candelabros de hierro forjado, a las cruces de orfebrería, y desde los vasos sagrados, a los cofres de reliquias y hasta en la indumentaria de culto, donde el bordado rivaliza con los ricos tejidos. El mundo culto de las catedrales y de los monasterios, ejerce su influencia hasta en las pequeñas iglesias de montaña, mientras las ciudades se desprenden del sistema feudal y, entre la tímida organización de las corporaciones artesanales, aparecen ya las organizaciones más sabias de los talleres artísticos.

GIRONA

RUTA 1: Gironés - Selva - Pla de L'Estany - Baix Empordà

GIRONA
CATEDRAL

El admirable claustro de Gerona es, quizá, el más bello de Cataluña. Amplio, de exactas proporciones, se extiende en un plan irregular, junto a una de las más notables catedrales góticas de España.

Su decoración esculpida es de una singular maestría, incrementándose la riqueza de los temas por la calidad del cincelado, su finura y perfección.

Junto al claustro, un tesoro espléndido acrecienta y completa la calidad del conjunto.

Tradición iconográfica

La evolución arquitectónica hacia formas monumentales en concurso con la escultura, así que obtuvo el predominio en la aligeración de las masas constructivas con aperturas de expresión monumental, al pasar por los atrios de las galileas de las iglesias y enfrentarse con los porticados internos de los recintos monásticos, llegó a la modalidad típica del claustro con columnas. Esta solución adquirió una difusión rápida a partir de mediados del siglo XII extendiéndose desde los cenobios benedictinos a las catedrales y a las canónicas agustinianas resuelta con galerías de columnas emparejadas o de una sola hilera de ellas. La moda, por decir así, se impuso en un período de desahogo económico y de consolidación de la reforma eclesiástica al dilatarse las fronteras septentrionales de Cataluña hacia la Provenza y Norte de Italia dentro de una comunidad cultural que encauzó y fijó bajo el mismo signo las corrientes que la alimentaban. Redoblaron entonces su actividad los talleres escultóricos del Rossellón y, en contacto con los obradores tolosanos y del Languedoc, se multiplicaron los equipos y se afirmaron no pocos maestros entre las obras anónimas, lográndose delicadezas de ejecución y agilidades de movimiento en el relieve de las masas. Pero la creciente demanda de capiteles, si bien contribuyó a producir modelos estereotipados, aunque consiguió el dominio de los elementos decorativos y aun de perfectas estilizaciones figura-

E*** ✳

H****   Sol Girona
✉   Ctra. De Barcelona, 112
☎   24 05 00
H***   Cortabella
✉   Av. De França, 61
☎   20 25 24
H***   Ultonia
✉   Gran Via de Jaume I, 22
☎   20 38 50
H**   Europa
✉   Juli Garreta, 21
☎   20 27 50
H**   Inmortal Girona
✉   Ctra. De Barcelona, 31
☎   20 79 00
H*   Condal
✉   Joan Maragall, 10
☎   20 44 62
R   Albereda
✉   Albereda, 7
☎   22 60 02
R   Casa Marieta
✉   Pl. Independència, 5
☎   20 10 16
R   Edelweiss
✉   Santa Eugènia, 7
☎   20 18 97
R   El Celler de Can Roca
✉   Ctra. Taialà, 40
☎   22 21 57
R   La Penyora
✉   Nou del Teatre, 3
☎   21 89 48
R   Selva Mar
✉   Ctra. Santa Eugènia, 81
☎   23 63 29

📷   Sant Feliu (ss. XII-XIV) E***
📷   Fontana d'Or (s. XII) E***

Baños Árabes E*** 📷
Sant Domènec (gótico) E** 📷
Sant Nicolau E** 📷
Palau Episcopal E* 📷
Cases de l'Onyar E* 📷
Passeig Arqueològic E* 📷
La Devesa E* 📷

Sant Narcís (29 octubre) ✝

Festa del Pedal
(2.ª quincena septiembre)

Sant Daniel: Monasterio
de Sant Daniel (1025) E*** ☞

das, no siempre y en todas partes logró obtener una orientación precisa hacia las representaciones históricas. Las acometieron algunos maestros con habilidad suficiente para ajustarlas a las caras de los capiteles y también en Gerona, como en Elna, en los frisos de los pilares, mientras el resto de su equipo ejecutaba los modelos corrientes. Las exigieron los canónigos o monjes que encargaron la obra con un plan que a menudo no pudo proseguirse o que se limitó a la galería de paso a la iglesia o a veces sólo a temas concretos. Pero cuando se dio la coyuntura de la exigencia de un deseo a un maestro hábil, nunca faltó la muestra del asunto en el folio abierto del volumen miniado que se sacaba de la cadena que lo retenía al atril del escriptorio. Fueron más que suficientes los textos de los Beatos, de las Biblias y de los Evangeliarios para que en el material contenido se precisara al escultor lo que debía traducir del plano ilustrado al relieve de la piedra. Semejantes textos abundaban en los centros religiosos, bastando citar los manuscritos miniados de los Beatos que se han conservado y las biblias catalanas de Ripoll y de Rodes, para percatarse del rico contenido que tanta trascendencia obtuvo como vehículo de la iconografía esculpida. Del tipo de éstas tenía que ser la Biblia que fue utilizada en el claustro de Gerona para verter en piedra las escenas del Antiguo Testamento que se desarrollan desde la Creación de Adán hasta el Diluvio y de la Aparición de los tres ángeles a Abraham hasta la entrada de Jacob en casa de su tío Labán, además de otras saltuarias como la embriaguez de Noé y los trabajos de Sansón que pasan a los capiteles. Caso único en la escultura claustral catalana que, por otra parte sigue con fidelidad la miniatura dentro de los mismos ciclos que se contienen en ella, interrumpiéndose donde éstos se cortan, y que, si no adquiere su total desarrollo en los demás frisos dejados a la decoración ornamental, sólo se explica por cansancio de prosecución ante la prisa de terminar la obra o por defecto del artista que no pudo continuarla. De la ilustración del Nuevo Testamento en el mismo texto empleado, o bien de otras fuentes como Beatos y Evangeliarios, provinieron asimismo las escenas que se refugian en los capiteles y sólo en dos frisos, hasta el punto que el escultor tropezó en el tema del nacimiento de Jesús atribuyendo a los soportes del lecho en que yace la Virgen, las patas de los caballos de la escena de la Epifanía que, en la miniatura que serviría de modelo se encabalgarían induciéndole a confusión. En Gerona, pues, se perpetúa una tradición iconográfica que, perdida en los manuscritos, se solemniza en la página abierta de los relieves al decorar uno de los claustros más impresionantes y exquisitos.

Historia

La parte alta de Gerona representa el núcleo embrionario de la ciudad. Allí pudo concentrarse el poblamiento en la cima del montículo que desciende a las riberas del río Onyar en su confluencia con el Ter. La primitiva población ibérica, más tarde romanizada, fue víctima de las invasiones del siglo III. Pero renacida después de la devastación convirtióse en fortaleza con un recinto amurallado, en parte conservado, que fue la base de muchas otras fortificaciones de edad posterior.

En los albores del cristianismo, Gerona se distingue como centro de un obispado en la Sede de Santa María y en posesión además del santuario del diácono San Félix. Este mártir, elogiado por el poeta Prudencio, era venerado en una iglesia erigida sobre su tumba dentro del área de una necrópolis inmediata a los muros de la ciudad. El rey visigodo, Recaredo, le ofrendó una corona votiva que, robada por el insurgente Paulus en su rebelión contra Wamba, fue restituida por éste después de que pudo reducirlo en Narbona.

La iglesia de Santa María, Sede del obispo, quedó establecida en el punto más elevado de la ciudad. Cuando ésta cayó bajo el yugo de los árabes, hacia el año 717, fue transformada en mezquita reduciéndose el culto cristiano a la de San Félix. Semejante situación perduró hasta el 785 cuando la ciudad se rindió a los francos liberándose el condado de Gerona del dominio de los árabes.

Se ignoran las etapas constructivas de la iglesia de Santa María que, en 1015, se hallaba en tan lamentable estado de decrepitud que el obispo Pedro, hijo del conde Roger de Carcasona, debió de reparar consolidando los muros resquebrajados y rehaciendo la cubierta, seguramente en madera, que en tiempo lluvioso impedía el ejercicio del culto a causa de las goteras. Para ello viose obligado a vender a su hermana, la condesa Ermesinda, y a su cuñado Ramón Borrell, conde de Barcelona, la iglesia de San Daniel por cien onzas de oro que fueron gastadas en la reparación. No menos añejos debían ser los edificios de la canónica que a continuación fueron totalmente renovados con el fin de restablecer la vida en común y el servicio del culto. Una amplia dotación estipulada en 1019 fue el inicio de las nuevas dependencias claustrales que se ampliaban todavía en 1031 y en 1064. La obra renovadora del obispo Pedro debió terminar con la sustitución de la cabecera de la iglesia, tal como las realizaban en aquel período sus contemporáneos, Oliba, obispo de Vich y Eriball, de Urgell, lo que importó la consagración efectuada en 1038. Con esta obra se relacionan dos piezas notables derivadas de los obradores escultóricos del Rosellón: la cátedra episcopal con las figuras de los evangelistas y ramificaciones vegetales que adornan los montantes y el ara del altar, típica por sus rebordes en relieves de medio círculo. Para revestir este altar la condesa Ermesinda legó trescientas onzas de oro destinadas a un antipendio de oro que se conservó hasta 1809.

Es probable que la ordenación de las dependencias canónicas al lado septentrional de la vieja Iglesia se conformara alrededor de un amplio patio que fue utilizado en la segunda mitad del siglo XII para la construcción del claustro actual. En él recaía la torre aislada del campanario que se construía en 1081 y cuya prosecución fue reemprendida en 1117 a partir del segundo piso.

No quedan huellas de otras obras realizadas en los tiempos siguientes de gran actividad constructiva en Gerona desde que se levanta en 1131 la iglesia del monasterio benedictino de Sant Pere de Galligans seguida de su magnífico claustro y de la renovación de las de San Nicolás y de San Daniel, mientras se erigía el

La columnata de la galería este del claustro, vista hacia el norte.

Pl. Catedral, 12 ✉
21 44 26 ☎

notable edificio de los baños públicos y se emprendía la obra de la nueva iglesia de San Félix que, transformada en su cabecera a partir de 1313, adquirió luego una mayor elevación en sus bóvedas.

Tampoco la cabecera de la Catedral de Santa María quedó al gusto de esta época por considerarse insuficiente para las funciones del culto. Ya en 1292 el tesorero Guillem Jofré legó diez mil sueldos destinados a su renovación. Pero hasta 1312 no se formalizó el proyecto de una nueva cabecera con girola rodeada de nueve capillas que luego se inició en el espacio exterior a los ábsides con el fin de ensamblarla con las viejas naves de la iglesia. En 1347 era ya utilizada con el traslado del altar principal siendo derribados los ábsides y construyéndose los pilares que formarían el crucero de unión con la vieja Iglesia románica. La obra quedó luego paralizada no imponiéndose hasta más tarde su prosecución. El primer proyecto a partir de 1386 tendía a la solución de una nave única pero, dada su amplitud de 22,80 metros, el temor de realzar unas bóvedas tan distendidas hizo adoptar una solución en tres naves empezando a levantarse los pilares. Las opiniones se dividieron y en 1416 fue reunida una junta de doce arquitectos que entonces dirigían las mejores construcciones a uno y otro lado de los Pirineos para que emitieran su informe. A pesar de ser sólo cuatro los que abogaron por una sola nave se decidió seguir el parecer de esta minoría, procediéndose a la prolongación de los muros apoyados por capillas. La obra duró indefinidamente bajo la dirección de diversos arquitectos, desapareciendo la obra románica a medida que se cerraban las bóvedas. Las dos primeras durante el siglo XV, la penúltima en 1580 y la última en 1607, inmediata a la fachada, iniciada cincuenta años más tarde y continuada en 1793, para quedar interrumpida hasta nuestros tiempos en que se ha completado.

Visita

Se puede llegar a Gerona por la carretera nacional II, a cincuenta y tres kilómetros de la frontera y a ochenta y tres de Barcelona.

El claustro

Se halla emplazado al lado septentrional de la catedral en un plano algo más bajo que el de ésta desde el que desciende por medio de seis escalones. Se extiende sobre un terreno desnivelado que motivó su irregularidad al aprovecharse el espacio que mediaba entre la catedral y la muralla de la ciudad. Afecta el plan trapezoidal que parte de la galería meridional inmediata a la iglesia inclinándose luego hacia levante donde forma una galería más corta condicionada por la existencia del antiguo dormitorio de la canónica. Desde este punto sigue paralelo a la línea de la muralla en la galería septentrional, cerrándose con la occidental y más larga de todas paralela a la oriental y limitada por el antiguo refectorio.

Las galerías tienen una anchura de poco más de tres metros, excepto la septentrional que llega a cuatro metros. Van cubiertas por macizas bóvedas seguidas en cuarto de círculo y obradas en bloques pulidos y escuadrados. Probablemente se resolvieron en esta forma a fin de contrarrestar los muros de la catedral y de los edificios de la canónica. Esto motiva que su cubierta sea a una sola pendiente. En cambio la galería septentrional quedaba al exterior de las construcciones y se cubrió con bóveda de cañón seguido bajo tejado a dos pendientes.

Además de los pilares angulares que acusan en su forma la irregularidad del plan, fue necesario el recurso a pilares intermedios de refuerzo, a fin de soportar el empuje de las bóvedas, los cuales se producen en número diverso en cada galería con proporción a la longitud de ésta. Así mientras sólo hay uno de ellos en la galería meridional que la distribuye en dos tramos de seis arcuaciones, pasan a dos en la galería occidental dando tres tramos de cinco arcuaciones y a dos en la galería septentrional que, aunque la distribuyen en tres tramos, son en ella de sólo cuatro arcuaciones. Aunque la galería oriental resulta más corta que las otras, también se resolvió en dos pilares intermedios, pero situados uno al lado del otro, a fin de formar el arco que da el paso al interior del patio del claustro, quedando así a cada lado un tramo formado por cuatro arcuaciones. Todos estos pilares intermedios toman forma rectangular que no sobresale del espesor del muro y, al igual que los pilares angulares, se refunden admirablemente en la estructura y

Vista interior de la columnata de la galería sur del claustro.

en el juego de los arcos de las galerías al quedar provistos de columnas emplazadas en los ángulos y de un friso que los enfaja a la altura de los capiteles. Es la disposicion que también aparece en los claustros de la Catedral de Elna. Por su base quedan enlazados en el amplio podio que soporta los emparejamientos de dobles columnas destinadas a sostener las arcuaciones designadas en cada tramo de galería. Son uniformes las impostas que emparejan estas columnas con una sencilla gola por debajo de una losa un poco más saliente. De ellas arrancan las arcuaciones en arco de medio punto adornado con guardapolvo tanto al interior como al exterior que presta mayor espesor al muro elevado en bloques escuadrados dando un paramento liso sin ninguna clase de ornamentación bajo el alero de la cubierta. Los resaltes del guardapolvo se unen en el punto de intersección mediante una columnita tallada en el muro según un sistema que también fue adoptado en la galería más primitiva del claustro de Ripoll. Estas columnitas quedan sustituidas por figuras en el interior de la galería meridional.

Es admirable la proporción que gobierna la estructura del conjunto, especialmente en las arcuaciones, dada la altura de las columnas que corresponde diez veces al diámetro y considerada la distancia que media entre ellas sobre un podio cuyo espesor sobrepasa la medida de su altura.

La decoración ornamental se prodiga en este claustro no sólo en los capiteles de las columnas geminadas de las galerías sino también en los que quedan adosados a los ángulos de los pilares, en los que, además, se producen los frisos que los envuelven a una misma altura. Estos pilares que suman un conjunto de once, esto es, siete intermedios y cuatro angulares, fueron iniciados por la galería meridional con representaciones históricas que luego no fueron proseguidas en los frisos de los restantes donde predominan sólo motivos ornamentales, excepto en el último intermedio de la galería occidental en el que comparecen dos frisos historiados.

Llega a 122 el número de capiteles; 43 de ellos situados en las esquinas de los pilares y 74 en las columnas de los tramos de las galerías. En general derivan del corintio clásico, forma que predomina aún en aquellos que resuelven la masa cúbica dejada en la parte alta por debajo de los tres dados típicos del ábaco para redondearse en disposición tronco-cónica hacia la mitad inferior limitada por el astrágalo. Sólo discrepan del conjunto cinco capiteles en la galería meridional y dos en la septentrional que son obra de los siglos XIV y XV colocados en sustitución de los primitivos ya deteriorados.

Son relativamente pocos los capiteles que conservan la forma derivada del corintio con doble hilera de hojas de acanto de cuatro foliaciones lobuladas y sólo con las dos volutas que se arrollan en los ángulos superiores. En total son 13 que se reparten casi siempre al exterior de todas las galerías, excepto en la meridional, y 8 que se distribuyen en las esquinas de los pilares de la galería oriental y en el del extremo de la occidental.

Los capiteles ornamentales proceden asimismo de formas derivadas del corintio, de las que a veces conservan la hilera inferior de hojas de acanto, desplegándose en cintas perladas de entrelazos que se incurvan y se interseccionan al combinarse con foliaciones y piñas que penden por debajo de los dados. Se interfieren a veces cabezas monstruosas engoladas en el centro de las caras de los capiteles de cuyas bocas brotan las cintas. Este tipo ornamental está representado por 16 capiteles que se reparten al externo de las galerías y por 3 en las esquinas de los pilares de la galería oriental.

Son mucho más numerosos los capiteles figurados que predominan en todas las galerías, alcanzando el número de 27 ejemplares y sobre todo en los ángulos de los pilares que llegan a 31, prosiguiendo a menudo el desarrollo del mismo tema que llena los frisos. Las figuraciones son las propias del repertorio románico en su diversa gama de aves, animales, monstruos y figuraciones humanas. El tema que más abunda es el de las aves que, ora luchando entre sí y entrelazándose, ora picando frutos o pasando entre follajes, se repite asimismo en alguno de los frisos. Son aves de esbelto cuello y largo pico cuyos cuerpos se prolongan en cola de reptil y se transforman en grifos y basiliscos y animales fantásticos entre los que no faltan las sirenas con cuerpo de ave y las sirenas con cola de pez, al lado de otros felinos y toros. La temática se amplía con la comparecencia de la figura humana, ora en función decorativa del atlante que enlaza las cintas de floración vegetal o que abraza a los grifos alados, según el muestrario suministrado por las telas orientales, ora luchando con grifos y leones con el hombre rendido a la voracidad de éstos o a los mordiscos de los monstruos. Interviene más libremente en escenas de cacería del conejo o del jabalí y se personifica en los guerreros que se baten con leones y dragones, para singularizarse luego en escenas de combate y de lucha tan prodigadas por los marfiles árabes, cuya preeminencia sobresale, más que aquí, en los capiteles del claustro de Sant Cugat del Vallès. Son pocas las escenas inspiradas en la vida real que sólo comparecen en un capitel alusivo a la vendimia, a otro que evoca un tema de vida claustral y en los dos frisos del pilar intermedio de la galería occidental alusivos a la construcción del claustro.

Sólo llegan a 10 los capiteles historiados que se sitúan en la galería meridional, excepto 2 que se hallan al principio de la oriental. En cierto modo se conjugan con los frisos historiados de los pilares, por cuanto si en éstos comparece la temática del Antiguo Testamento, a los capiteles se reserva la del Nuevo.

Las bases de las columnas siguen el módulo normal de dos toros separados por una escocia sobre plinto cuadrado. En los ángulos de éste quedan las garras típicas llenando el espacio triangular, transformándose a veces en cabecitas de lobo. Así se producen en todas las galerías con monótona igualdad, salvo en la meridional donde el alarde de una mayor riqueza decorativa ha creado variantes que sustituyen las garras y cabezas por apariencias de animales aplastados, de aves y comadrejas, de ranas rampantes y de felinos durmiendo y sólo una vez con el toro adornado en cestería.

La obra del claustro no fue tan prolongada que no pueda adscribirse a un período de actividad ininterrumpida. Pero dentro de la unidad de concepto y de estructura cabe empero la intervención de más de un escultor y de equipos de canteros que la realizaron en el curso de unos pocos decenios.

Iniciada por el ala meridional con un empuje de gran relieve decorativo que se extiende a las impostas, a las bases de las columnas y a los puntos de intersección de las arquivoltas interiores, prosiguió en las demás con el abandono de estos elementos a una expresión estereotipada. Aun el mismo temario histórico que circuye los pilares y anima los capiteles queda estancado en esta galería como si, más que agotarse la fuente de inspiración o modificarse el primer intento narrativo, se sobrepusiera otro impulso artístico con mayor habilidad de expresión en un empeño decorativo. Ya en el cambio de tema en el pilar intermedio aparece otra mano distinta en el trazado y relieve de las figuras, más sutiles y alargadas y con las caras más redondeadas que en las de los frisos de los pilares extremos.

Todo este fausto gráfico se mantiene en parte en los inicios de la galería occidental y en algunos capiteles historiados de la oriental como si la obra de la meridional se simultaneara con los comienzos de las adyacentes. Pero a medida que éstas se alejan de aquélla predominan en sus elementos los temas figurados y los ornamentales hasta alcanzar en la occidental la escena representativa de la construcción del claustro y en la oriental los temas vegetales más en consonancia con los floreados de los frisos. Hay menos inventiva en la septentrional que cierra el claustro donde la exclusiva profusión ornamental alterna con la mayor abundancia de capiteles corintios.

Faja oeste del pilar suroeste: el pecado original.

No existe documentación que permita fijar fechas en la construcción. Las características derivadas de los elementos escultóricos, tanto en su temario como en su ejecución, la sitúan empero hacia más allá de mediados del siglo XII como momento inicial de una obra seguramente ya terminada dentro de los primeros decenios del siglo siguiente.

Lo que resulta patente es que su labor sigue de cerca a la de los claustros del monasterio benedictino de Sant Pere de

Galligans, en la misma ciudad de Gerona, y que se realiza contemporáneamente con la de los claustros del monasterio de Sant Cugat del Vallès. Los tres, de idénticas proporciones, se destacan en un grupo significado en el que abundan las coincidencias estilísticas y también, en cierto modo, las formas de inspiración, con similar iteración de monstruos y de fauna en el relleno de una floración vegetal matizada de entrelaces. Ello había hecho afirmar que los tres claustros eran el resultado de un mismo obrador, uno de cuyos exponentes sería el escultor Arnaldo Cadell que dio testimonio de su labor en el de Sant Cugat del Vallès. El análisis comparativo descubre empero multitud de diversificaciones de unos a otros claustros y aun hace patente la presencia de distintos obradores y escultores en cada uno de ellos, aunque los tres claustros converjan hacia una modalidad estilística dentro de similares características. Los puntos de

contacto que se pueden establecer entre ellos evidencian la existencia de una fórmula que iniciada a mediados del siglo XII en el de Sant Pere de Galligans prospera y se desarrolla en el de la Catedral de Gerona y simultáneamente en el de Sant Cugat del Vallès que se empezó en el último decenio del mismo siglo.

El plan inicial del claustro, empezado por la *galería meridional* inmediata a la iglesia, se realizó en base a los pilares angulares, además de otro intermedio para soportar el empuje de la bóveda. Estructura que luego fue proseguida en las restantes galerías. Pero a diferencia de éstas, aunque, como en ellas, la parte decorativa iba a ceñirse en los frisos de los pilares y en los capiteles de las columnas emparejadas, el hervor inicial de la empresa trazó un programa de representaciones historiadas que, al inundar los frisos y capiteles situados hacia el interior de la galería, reservaba las figuraciones y elementos decorativos no sólo a las caras de los capiteles restantes sino que aprovechaba las bases de las columnas y las mismas columnitas que recogen las intersecciones del guardapolvo interior de los arcos y aun en algunos otros elementos de impostas y sobrefrisos. Este derroche decorativo no prosiguió empero más allá de esta galería, como tampoco el plan de representaciones históricas, como si en la construcción de las demás se impusiera una cierta prisa para el logro rápido de la obra del claustro. Ya casi se resiente de ella el programa decorativo de esta misma galería. Los temas históricos que se desarrollan a la manera de los antiguos sarcófagos en los frisos que envuelven los pilares, aun cuando se acogen a la historia bíblica desde la creación de Adán y Eva hasta la llegada de Jacob a la casa de su tío Labán, sufren una interpolación que se produce en el pilar intermedio para representar la bajada de Cristo al limbo y las torturas de los condenados. La alteración es más patente todavía en la colocación de los capiteles historiados con temas del Nuevo Testamento, escogidos sin un plan narrativo, ni menos dispuestos en un orden lógico, entre cuyas escenas se mezcla la representación de

Faja del pilar central de la galería sur: Jesús resucitado viene a sacar a Adán de los infiernos.

Moisés. Uno de ellos queda situado al exterior de la galería contra la norma común que regula las representaciones históricas hacia el lado interior. Los temas figurados inundan las caras de los restantes capiteles en un rico y variado muestrario que repercute asimismo en los capiteles emplazados en las esquinas de los pilares. Entre ellos sólo aparece un capitel puramente ornamental y ninguno del tipo corintio.

La iconografía que se desarrolla en los frisos de los pilares se inspira en el libro del Génesis partiendo con gran minuciosidad de las ilustraciones miniadas que acompañaban el texto sagrado en los manuscritos catalanes desde el siglo XI. Gran parte de las figuraciones coinciden con las de las biblias de Rodes y de Ripoll, siendo posible que los artistas del claustro las hallaran en un manuscrito de la Catedral que, siguiendo la tradición de aquéllas las contuviera con mayor detalle. Sólo que al pasar los personajes a la forma en relieve dentro del espacio de los frisos, su tamaño se adapta sin distinción de alturas entre los que figuran de pie y los que están sentados. Así quedan de cuerpo rechoncho y de cabezas grandotas, de cara redondeada con bucles perfilados y ofrecen los pliegues de los ropajes un poco abandonados sobre las formas desproporcionadas. Este sentido de adaptación se mueve con mayor libertad al traspasar a los capiteles las escenas evangélicas o al reasumir en las representaciones figuradas los temas que constituían el repertorio escultórico de la época difundido por las telas orientales y los marfiles árabes.

El relato bíblico empieza en el pilar del ángulo sudoeste. Dios se manifiesta sentado en un trono de respaldo decorado con dobles arcuaciones y de borde perlado. Inclina suavemente la cabeza y dibuja un gesto de bendición con la diestra que sale de una onda del manto. Acaba de pronuncia el *fiat* en la creación del ser humano y la figura de Adán emerge del limbo de la tierra que está simbolizada por un grupo de espirales. Tiene la cabeza reclinada sobre la mano derecha en actitud de dormir, en el instante en que el Señor le acaba de arrancar la costilla de la que brota el cuerpo de Eva a su flanco. A continuación es el Señor quien se adelanta cogiendo por el brazo a Adán, que todavía permanece tumbado sobre el limo de la tierra, para mostrarle a Eva que asoma desnuda levantando la mano admirada ante el gesto de bendición con que el Señor la entrega a Adán. En otra escena el Señor precede a Adán y Eva que le siguen desnudos, ella apoyando la mano sobre el hombro de Adán al escuchar la indicación que les hace el Señor casi tocando con la mano uno de los frutos del árbol del bien y del mal. Este árbol es una higuera de tronco robusto que crece entre las espirales indicadoras de la tierra y cuyos ramos se enzarzan para rematar en amplias hojas con los frutos como racimos pegados a ellas. Luego han quedado solos a los lados del árbol. Es la misma higuera con los frutos pendientes entre cuyos ramos se enrosca la serpiente que ha inducido a Eva a comer el fruto prohibido. Adán se regodea comiéndolo y ya ambos se cubren con hojas del mismo árbol. La última figura del friso es la del Señor que los llama detrás del árbol situado al ángulo. Ambos se esconden agachándose uno en pos de otro, y cubriéndose como pueden con la ancha hoja. Adán inculpa a Eva de la falta cometida y Eva la pasa a la serpiente, indicándola con la mano derecha, mientras el animal se yergue detrás de ella con aire displicente de triunfo. En la escena siguiente se expresa la condena al trabajo. Adán se inclina para cavar la tierra con la azuela frente a Eva que hila sentada en un pequeño muro. Ambos visten túnica cubriendo el cuerpo que hasta este momento había permanecido desnudo. Sigue la historia del Génesis con la ofrenda de Caín y Abel. Ambos, imberbes y vestidos con túnica corta, aparecen afrontados ofreciendo, en sus manos veladas por el manto, Abel un cordero y Caín un manojo de espigas. La narración prosigue con la escena del fratricidio. Comparece el Señor con el libro en la mano en un gesto de reproche contra Caín que todavía tiene en sus manos el instrumento de labranza que empuña como un martillo con el que acaba de matar a su hermano Abel. El cuerpo de éste yace tendido en el suelo detrás de Caín en una falsa perspectiva, como si fuera vista por encima, con la sien apoyada en la mano derecha cuyo codo sostiene con la izquierda y el cuerpo doblado con las piernas entrecruzadas. El corto espacio que queda al término del friso se llena con dos personajes, uno de los cuales queda detrás de la parte inferior del cuerpo de Abel. Es la figura del Señor, característica por su libro en la mano, que da instrucciones a Noé para que construya el arca. Este las recibe plegando sobre el pecho las manos que se descubren en la apertura del corto manto que viste sobre la túnica. Su cabeza de barba y cabello rizado contrasta con la del Señor.

El pilar termina en este ángulo con un capitel que representa a un hombre sentado, de luenga barba y vestido de túnica, que tiene a cada lado un dragón con patas delanteras apoyadas sobre sus rodillas a las que también vienen a posarse sus cabezas mientras su cuerpo se despliega en alas de minucioso plumaje y remata en cola de reptil enroscada. Prosigue la historia bíblica con la construcción del arca en dos momentos. En el primero el relieve bastante deteriorado no impide ver a Noé que, junto con uno de sus hijos, después de haber cortado un árbol y despojarlo de las ramas, asierra uno de los tablones que servirán para la construcción. En el segundo momento padre e hijo, inclinados sobre el banco de carpintero, labran la madera con las herramientas de la época en una escena incomparable que refleja una captación real del oficio. A continuación viene el capitel angular con doble representación de la sirena ave. Es una de las figuraciones más bellas por el trazado femenino de las cabezas y cuerpo redondeado de pájaro con una ala extendida y otra plegada sobre el cuerpo y colas entrelazadas que rematan en foliaciones rizadas. La sirena de este lado posa su garra sobre el banco donde trabaja Noé. El ángulo del pilar deja espacio para un capitel intermedio falto de columna con el tema de dos leones que se dan la espalda y vuelven las cabezas hacia el centro para mordisquear las manos de un pequeño personaje agachado en el hueco central. El capitel que inicia el último friso consta de dos pavos que se afrontan al separar sus largos cuellos por debajo de unos entrelaces que derivan de un friso de foliaciones. Viene luego Noé seguido de uno de sus hijos y de una mujer cubierta con amplio manto que condensan la representación de la familia del patriarca en la entrada al arca. Esta se muestra en seco sin flotar sobre las aguas, en forma de una barca chapeada de metal que contiene una casa con sus ventanas y tejado. En una de ellas está Noé recibiendo a la paloma, mientras algunos animales asoman por las aperturas de las restantes ventanas. La cabeza de un toro en la de la izquierda, dos aves en la de la parte alta y dos animales en la inferior. El pilar termina con un espléndido capitel angular en el que dos grifos arquean los largos cuellos para picar los frutos que penden en lo alto de las floraciones perladas que provienen de los enlaces formados en los remates de sus largas colas enroscadas por debajo de las alas extendidas. La imposta que corre sobre este friso lleva esculpido el tema de dos aves simétricas que pican los frutos de una triple floración, mientras que en la imposta que se extiende sobre el friso de la floración lleva sólo un tallo ondulado con floraciones.

De una manera semejante a las miniaturas de las biblias, el relato histórico salta a los episodios de la vida de Abraham que pasan a ocupar los frisos del pilar terrninal de la galería. En el primero de ellos el patriarca ejerce la señal de hospitalidad ante la aparición de los tres ángeles en el valle de Mambré. Se inclina reverente con la toalla en la mano para enjuagar el pie del primero que está sentado sobre un pequeño muro. A su lado esperan también sentados sobre banco de muro los otros dos ángeles animados en amistosa conversación,

en un grupo bellamente encuadrado por las alas que se extienden a los lados. El friso se interrumpe con el capitel de la esquina resuelto en frondas de cintas perladas rematadas en hojas y piñas bajo las cuales se hallan cómodamente sentados en la silla decorada por arcuaciones, dos personajes vestidos con hábitos claustrales, túnica, sobretúnica abierta por el lado y cogulla. Uno de ellos impone la mano sobre la cabeza inclinada del otro que descansa las manos sobre las rodillas.

En el friso de la cara siguiente del pilar se acumula en dos tiempos el episodio del sacrificio de Abraham. La cabeza mutilada de la primera figura corresponde a Abraham que con un bastón arrea el asno cargado con la leña. Frente a éste y sentado sobre un banco de bloques de piedra, Isaac se somete al sacrificio. Su padre le coge por los cabellos echándole la cabeza hacia atrás para aplicar a su garganta un gran cuchillo. Pero éste es detenido por el ángel que emerge de una nube. En el espacio inmediato y desplazado en el fondo sobre el asno aparece el carnero enredado entre las zarzas que brotan de la tierra. El relato prosigue con la bendición de Jacob por su padre Isaac. Sentado en el trono típico que el artista utiliza en estos casos, el patriarca cecuciente palpa con la mano izquierda la cabeza de Jacob que se le acerca hincando la rodilla en tierra. Detrás de él se escurre la figura de su madre Rebeca, envuelta en amplio manto y con la cabeza velada, que empuja al hijo a recibir la bendición. La última escena repite la figura de Jacob sentado en trono recibiendo al otro hijo, Esaú, que regresa de la caza con

Faja este del pilar sureste: encuentro de Jacob y Raquel.

Faja este del pilar sureste: lucha de Jacob y el ángel; *Jacob durmiendo* y su visión de los ángeles subiendo y bajando la escalera.

un enorme conejo suspendido por las patas traseras del remate del arco que lleva sobre el hombro y con dos flechas en la mano.

El friso prosigue sin la interrupción del capitel del que se prescindió en la esquina. Esta queda ocupada por una amplia escalera de mano por la que suben los ángeles vistos en sueño por Jacob. Ajustándose al espacio se reducen a dos, vistos de perfil y superpuestos en actitud de subir los peldaños. Jacob duerme tendido al otro lado con la sien apoyada sobre la mano derecha en una posición similar a la que el artista dio al cuerpo de Abel asesinado, como visto por encima y con las piernas cruzadas. El espacio remanente sobre esta figura se aprovecha para representar la lucha entre Jacob y el ángel, alterando así el curso de las escenas según el relato histórico. Fuertemente asidos en tensa resistencia cuerpo a cuerpo, Jacob logra vencer al ángel que tiene las alas extendidas. La historia interrumpida vuelve a su curso en el momento en que Jacob vierte el aceite sobre el ara consagrada a Dios en forma de pequeño altar con su ara y soporte. El patriarca se inclina ante ella derramando el contenido de una vasija redonda que ase por el largo cuello con la mano izquierda. En la escena siguiente el escultor se sale de los elementos imprescindibles para intentar una composición emotiva en la que intenta fundirlos con cierto ritmo de simetría. Jacob remueve la piedra que cierra la boca del pozo para abrevar los rebaños. Estos se acercan distribuidos en un grupo de cinco carneros y en otro de cuatro a la izquierda y de dos a la derecha del fondo. El mayor tamaño de éstos invierte la perspectiva en relación con los del primer grupo que quedan achicados y cortos de patas. Un pastor a cada lado se apoya en el cayado con el cuerpo envuelto en el manto encapuchado. El de la izquierda indica la presencia de Raquel vestida con manto que le cubre la cabeza y apoyada en un bastón. El encuentro inmediato de ésta con Jacob se produce en el abrazo que se dan al reconocerse. El friso se interrumpe en la esquina con un capitel de entrelaces de cintas perladas que rematan en hojas con frutos. Luego prosigue en el friso de la otra cara del pilar en tres escenas de dos figuras cada una. En la primera, Raquel comunica a su padre el encuentro con Jacob. Labán la recibe sentado en el trono acostumbrado por el artista En la segunda, Jacob es reconocido por su tío Labán y lo recibe en sus brazos En la tercera, Labán coge por el brazo a Jacob iniciando la marcha para dirigirse a su casa. La figura de Labán que viste larga túnica en la primera escena queda reducido a túnica corta en las dos restantes y en las tres lleva además un manto abrochado sobre el hombro derecho de donde deriva el plegado bajo el cual saca la mano izquierda. En la esquina recae un capitel con aves afrontadas que retuercen los cuellos al cruzarse para picar las hojas del friso en que ellas se posan, de tema semejante al del capitel que al otro lado da comienzo al friso del pilar, también con dos aves afrontadas que pican los frutos.

El pilar intermedio de esta galería (7)* ha abandonado los temas del Antiguo Testamento para representar en sus frisos el asunto escatológico del descenso de Cristo al limbo y los tormentos de los condenados. El nimbo crucífero distingue a Cristo a quien siguen un ángel con el rollo en la mano y dos más cogiéndose los pliegues del manto. Con el largo hástil seguramente rematado en cruz acaba de desquiciar las puertas del antro infernal que vuelan por los aires y golpea y detiene a dos diablejos que se contorsionan asidos todavía a los pies de Adán liberado, seguido probablemente de Eva y de otros tres personajes muy deteriorados que recaen en la esquina del pilar. Es curiosa la figuración de las puertas con sus hierros aplicados según la manera románica tal como se efigiaron en la escena del *Quo vadis* en un friso del claustro de Elna. Sigue luego la representación de los tormentos de los condenados con varias escenas que se producen sobre un fondo de llamas. En contraposición a las almas liberadas aquí los precitos son detenidos por dos ángeles de los que el primero ata los brazos de uno a las espaldas y el segundo pisotea el cuerpo de otro arrojándolo a los pies de un personaje arrogante, figura de Satanás, que con los brazos en jarras se dispone a recogerlos. Siguen dos personajes desnudos que se apuñalan encarnizadamente, uno de ellos envuelto por una de las serpientes que muerden el seno de las tres mujeres situadas en la esquina del

Detalle del pilar suroeste: grifo de ángulo.

---

* La numeración entre paréntesis se corresponde con el plano del claustro que reproducimos al final de su explicación.

friso, la primera levantando los brazos en gesto de horror y las otras dos mesándose los cabellos. La representación del infierno aparece en una composición simétrica constituida por una enorme caldera puesta encima de un trípode de hierro anillado sobre las llamas del fuego, de cuyo interior asoman los bustos de tres condenados. A cada lado de ella hay un diablo cornudo que pugna por echar en su interior el cuerpo de un precito cogido por la parte trasera y al final un tercer diablo que tira por los cabellos a una mujer que apenas saca el busto por detrás de las alas de uno de los grifos figurados en el capitel del ángulo. En él se afrontan estos monstruos con los cuellos retorcidos hacia el centro donde se arrollan las largas colas. El friso del pilar en esta cara hacia el exterior carece de tema histórico y se adorna con un doble roleo circular de cinta perlada con triple foliación al interior. Termina con un capitel que da el tema de un personaje vestido con túnica, sentado al ángulo que abraza los cuerpos de dos grifos simétricos con el cuello retorcido para descansar las cabezas monstruosas sobre sus hombros y una de las garras levantada sobre el ala desplegada mientras las colas se entrelazan rematando en foliaciones.

La ilación narrativa, tan lógica en el desarrollo de las escenas del Antiguo Testamento en los frisos de los pilares angulares, desaparece en los temas del Nuevo Testamento que se distribuyen dispersos y desordenados por los capiteles exentos de la misma galería combinándose con los figurados que recaen en el exterior de ella.

La primera pareja después del pilar angular sudoeste (12) está formada por dos capiteles sustituidos que denotan una labra del siglo XIV que todavía mantiene cierta tradición románica en sus dos órdenes de hojas muy estilizadas.

En el grupo siguiente (11) queda tan deteriorado el capitel interior que los restos evidentes de cuerpos de animales han inducido a ver la escena de Daniel en el foso de los leones, sin que realmente aparezca la figura del profeta ni haya medio de combinar su representación con la escena que recae al lado de la galería. Si se examina ésta detenidamente pueden identificarse dos personajes sentados uno frente a otro en el trono típico que ya aparece en los relieves de los frisos. Los dos miran hacia lo alto con las manos levantadas y detrás de cada uno de ellos quedan dos personajes de pie que, como aquéllos visten túnica corta y se apoyan sobre un bastón. Lo más obvio es reconocer en ellos a los pastores que reciben el mensaje del ángel que aparecería volando en la parte alta y destruida hacia donde ellos miran y entonces es fácil explicar la identificación de los animales que rodean las otras caras del capitel en el rebaño que acompañan los pastores y que se produciría en diversos grupos tratados más o menos como en la escena del pozo de Jacob que el escultor cinceló en uno de los frisos. El capitel exterior cargado de entrelazos con piñas se adorna con una lucha de dos jinetes que disparan el arco sobre sendos leones que acaban de saltar sobre la grupa de un caballo.

Sigue el capitel con la Degollación de los Inocentes y la Huida a Egipto (10). Esta última queda resuelta sin complicaciones con la figura de San José que lleva el hato suspendido en la vara apoyada sobre el hombro, llenando una de las caras bajo la pechina de fondo que se arquea entre las torrecillas extremas que decoran los ángulos de esta serie de capiteles historiados. Tira por las riendas del pollino montado por la Virgen con el Niño en brazos que ocupa la cara inmediata. En las dos restantes campea la figura de Herodes, escoltado por un soldado que preside sentado la ejecución de la orden de degollación de los Inocentes que cumple otro soldado al acuchillar con una espada la cerviz de un niño que sostiene al aire prendido por los pies. En el suelo ha rodado la cabeza de otro niño mientras tres mujeres reconocibles en el relieve muy deteriorado defenderían a sus hijos de la acometida de un tercer soldado, armado como los demás con cota de malla. El capitel contiguo repite en cada cara el tema inspirado en los tejidos orientales, compuesto por grifos alados que se afrontan con las alas extendidas hacia los ángulos y las garras levantadas hacia el centro y las otras puestas sobre foliaciones.

Moisés con las tablas de la Ley es el personaje que ocupa el centro de la cara en el capitel interior (9), al lado de dos personajes más bajos y casi destruidos bajo las torrecillas. Esta figura del Antiguo Testamento se mezcla con la escena de la ofrenda de Jesús al Templo, quizá reclamada por el cumplimiento de la Ley que esta escena representa, a fin de completar el ciclo que llena las otras tres caras del capitel. La ofrenda se realiza en uno de los ángulos de éste que, a pesar de su deterioro permite situar el bloque del altar encima del cual sería ofrecido el Niño por su Madre que se inclina ante la figura de Simeón al recibirlo en brazos. Detrás de éste se divisa un personaje y en pos de la Virgen se acerca San José llevando cuatro palomos en los pliegues de su manto, mientras en lo alto vuela un ángel en escorzo y la profetisa Ana seguida de otra mujer se apresura, curiosa, como queriendo adelantar a San José a fin de presenciar la escena. El capitel contiguo, muy destruido, es de tipo ornamental con cintas perladas sobre dos hileras de hojas de acanto.

Son producto de una sustitución los dos últimos capiteles (8) de este tramo. El interior con un friso de leones y toros corriendo entre hojas y el exterior dispuesto en un doble orden de aves que picotean racimos. Su factura corresponde a mediados del siglo XV y acusaría un aprovechamiento de otra procedencia.

El primero de los capiteles (6) del tramo inmediato presenta, en rotación de las caras, la entrada en Jerusalén. Jesús cabalga el pollino en actitud de bendición, seguido por dos de sus apóstoles. Están medio destruidos los personajes que lo aclaman, uno de ellos tendiendo al suelo su manto ante un grupo de tres más que evocan la muchedumbre sobre un fondo de follaje del que arrancarían los ramos con otros tres personajes que salen de las puertas de la ciudad figuradas al término de la composición. Se le empareja un capitel que repite en cada cara el tema de leones cruzados a pares y afrontados formando un friso sobre fondo de entrelazos que rematan en foliaciones.

El Lavatorio de los pies (5) recoge el momento en que San Pedro sentado con una pierna sobre la otra ofrece uno de los pies a Jesús que está ante el apóstol resignado que apoya la cabeza sobre la mano. Los demás apóstoles rodean el capitel dispuestos en diversas actitudes, estando todos de pie, excepto dos que se descalzan, sentados en el mismo tipo de sillones utilizados por el artista. Tiene contiguo un capitel con enlaces de flores y frutos en cuya parte inferior alternan dos toros con dos leones que les atacan por la grupa.

Reaparece otro capitel de sustitución (4), obra del siglo XIV, muy semejante a los dos primeros de esta galería. Con él se empareja uno que repite en sus caras el tema oriental de Gilgamesh abrazando los cuellos de grifos afrontados, cuyas colas se enroscan enlazadas y cuyas cabezas vueltas hacia los ángulos mordisquean las manos de un personaje.

La Dormición de la Virgen es el asunto del próximo capitel historiado (3). El cuerpo de ésta yace tendido en un lecho mientras dos ángeles elevan su alma. Asisten los apóstoles en actitud de aflicción distribuidos en dos grupos de cuatro figuras, en uno de los cuales se intercala una mujer. En la cara opuesta se representa al Señor sentado acogiendo en su seno el alma de la Virgen, destruida por la erosión de la piedra. A este capitel se empareja otro, también historiado, que recoge las escenas de la Anunciación y de la Natividad en dos de sus caras y de la Adoración de los Magos en las restantes. No puede ser más simple la primera escena reducida al grupo formado por el arcángel que lleva el mensaje y por la Virgen que lo recibe cubierta por un amplio manto, estando ambos de pie. La Natividad presenta al Niño en pañales bajo el aliento de las cabezas del buey y del asno por encima del lecho cubierto con paños de complicados pliegues en el que está tendida la Virgen y a cuyos pies se halla sentado San José vuelto de espaldas. Lo raro es que el lecho está montado sobre pies de caballo, debido a que el escultor debió de interpretar mal la miniatura que también presentaría juntas las escenas de la Natividad y de la Adoración de los Magos, confundiendo las patas de la cama con la de los caballos de éstos, confundiendo y sobreponiendo dos escenas como sucedió asimismo al escultor del capitel con idéntico tema del claustro de Sant Pere de Galligans que deja una parte delantera de caballo ante el lecho. La Adoración de los Magos se descompone a un lado con la imagen de la Virgen sentada con el cuerpo terciado bajo amplia aureola esbozando un gesto de caricia hacia el niño que lleva sentado sobre una rodilla vuelto hacia los Magos ceñidos con coronas que le hacen ofrenda de los dones. San José permanece sentado detrás de la Virgen como indiferente a la escena. Los ángulos superiores de este capitel suprimen las torrecillas para dar lugar a unos dentículos que sostienen unas ranas rampantes vueltas de espaldas.

El último capitel historiado (2) de la galería contiene la parábola del rico Epulón. En la escena del banquete, el rico aparece ostentosamente vestido al lado de su mujer, servido por un criado que hinca la rodilla al ofrecer las viandas. Al lado acaba de morir de inanición el pobre Lázaro que tiene el cuerpo llagado lamido por los perros mientras dos ángeles con grandes alas recogen su alma. Sigue la representación de Abraham, sentado en un trono, que recibe en su seno el alma del pobre envuelta en el manto, en contraste con la muerte de

Epulón cuyo cadáver ricamente ataviado se ve rodeado por cuatro personajes, uno de ellos destruido en la parte central que respondería a la figura de su mujer. El capitel contiguo repite el tema del hombre con túnica y sentado con las manos sobre las rodillas por debajo de cuyos brazos se incunan las cintas perladas que rematan en fruto central.

En las impostas de esta galería aparecen algunos relieves esculpidos que las adornan tanto en los pilares como sobre los capiteles emparejados. Los temas se reducen a tallos serpenteantes con foliaciones a veces contenidos entre cabezas de lobo situadas a los ángulos y en tres casos con figuraciones de animales simétricos; aves que pican frutos, grifos que enroscan las colas y comadrejas de cuerpo alargado anudadas por la cola. También se resuelven en figuras las columnitas de sostén de las arquivoltas de la parte interior. En ellas se repite cinco veces un personaje vestido con túnica y sentado con las piernas separadas y las manos sobre las rodillas, tipo derivado del que enlaza tallos en los capiteles. Sólo en una variante lleva una especie de botella de largo cuello en la mano. Las dos restantes figuras son una especie de animales grotescos sentados de espaldas y con la cabeza vuelta hacia atrás.

La *galería oriental* se divide en dos tramos de cuatro arcuaciones, cada uno separados por dos

Capitel: jinete tirando con arco.

pilares intermedios que se unen al formar el arco de ingreso al patio central del claustro. Los doce capiteles exentos que se emparejan siguen el módulo de la galería meridional con cuatro de tipo figurado y cuatro ornamental a los que se añaden dos derivados del corintio, además de otros dos históricos de factura símil a los historiados de aquella galería pero que aquí quedan aislados y como fuera de su lugar.

El primero (9) lleva a un lado la figura de Sansón con luenga barba y cabellera, situada entre las torrecillas angulares. En la cara siguiente se desarrolla la lucha con el león al que descoyunta las quijadas. Aparecen luego dos personajes, quizá Sansón y su mujer cananea por cuya culpa fue vencido, mostrándose la lucha contra los filisteos que lo atacan con cuchillos y espadas. A este capitel se empareja otro cargado de entrelazos de cintas perladas sobre base de foliaciones.

El grupo siguiente (8) queda constituido al externo por un capitel derivado del tipo corintio, y al interior por otro muy deteriorado que, sobre fondo ornamental, contiene una lucha entre dos guerreros de los que sólo quedan los escudos con que se defendían, de tipo oval el uno y más pequeño y circular el otro.

En el capitel interior del tercer grupo prosigue la historia de Sansón. Dos filisteos lo tienen apresado intentando atarle los brazos a la espalda. Luego aparece dormido sobre las piernas de Dalila que le corta la cabellera con unas tijeras en presencia de dos filisteos. Sansón rapado y cecuciente yace inerme al ser insultado a bofetones por uno de sus enemigos. Finalmente habiendo recuperado las fuerzas se tambalea por el esfuerzo asido a una de las columnas del templo derribado por su mano.

El primer pilar intermedio (6) tiene decorado el friso en su parte más larga con dos amplios roleos de cinta perlada con menudas hojas de acanto al exterior y triple foliación de acanto en el centro. Este tema se reduce a una simple S perlada, rematada en hojas en el friso más corto. En las esquinas quedan colocados dos capiteles con representaciones de aves simétricas de largos cuellos entrelazados que levantan la cabeza o pican las hojas que se rolean sobre el astrágalo, un tercero ornamental de entrelaces con piñas y finalmente otro corintio. Es idéntico a éste el pilar inmediato (5) con la misma distribución y tema ornamental de los frisos en cuyas esquinas se contraponen dos capiteles corintios y uno ornamental con otro de aves simétricas que se pican las patas.

El capitel interior (4) del segundo tramo de la galería combina la ornamentación con cuatro aves pasantes que pican los dobles racimos envueltos en los acantos de los ángulos. Se le empareja otro de tipo ornamental de friso inferior de acantos y cintas perladas con piñas que emergen de unas cabezas de lobo invertidas en el centro de las caras.

Se empareja a continuación con un capitel (3) derivado del corintio y otro de tipo ornamental de piñas sobre pedúnculo.

El último grupo (2) consta al interior de una lucha de un guerrero armado de escudo redondo contra un león sobre fondo de entrelazos, que se duplicaría como tema en la otra cara destrozada. El capitel contiguo lleva un friso de acanto en el que posan sus garras cuatro esfinges con cabeza de reptil y cuerpo de ave sin alas que cogen con los dientes las foliaciones arracimadas. El pilar angular que cierra la galería queda circuido por un friso de tema ornamental que, en las caras hacia los lados de las columnas, tiene por tema el doble roleo de cinta perlada con triple foliación de acanto al interior y en las dos caras más anchas desarrolla un tema de grandes palmetas con cinco tallos interiores rematados en piña sobre hojas de acanto que se rolean sobre la cinta perlada. Este friso absorbe el ángulo interior sin capitel. En los demás capiteles figuran dos de tipo corintio, otro ornamental con hojas de acanto y piñas y otro figurado con un pequeño personaje sentado que coge los picos de dos aves simétricas que retuercen el cuello a su lado.

La *galería septentrional,* construida en último término, es la que vino a cerrar el claustro. Artísticamente queda más alejada de la obra de la meridional. Abundan los capiteles derivados del corintio que, junto con los ornamentales y dos sustituciones tardías, dan poca preeminencia a los figurados con temas de monstruos y animales. El interior del primer grupo (12) repite la composición ya vista de aves pasantes que pican los racimos dobles envueltos en acanto, y se empareja con un capitel corintio. La buena conservación del interior del grupo siguiente permite apreciar el cincelado de un capitel corintio en su mitad inferior que luego se despliega en cintas perladas con foliaciones. Alterna con otro (11) que parece escapado de las próximas galerías por su tema que repite la lucha de un hombre con un monstruo dotado de cabeza de grifo, alas de pájaro y cuerpo de león que tiene una garra sobre el escudo oval que defiende al guerrero armado de un bastón. En el tercer grupo (10) vienen dos aves de largo pico que bajan la cabeza para atacarse. El capitel que se le empareja es una variante del externo del grupo anterior.

El pilar intermedio (9) está envuelto por un friso decorativo continuo en el que se suprimen los capiteles para desarrollar dos temas figurados. En los lados más anchos son personajes barbudos y sentados vestidos con túnica que enlazan unos los cuerpos y otros los cuellos de grifos alados distribuidos simétricamente entre ellos posando las cabezas y las garras sobre las rodillas con gran efectismo ornamental. En las caras más cortas del friso se reduce el tema a dos grifos entrecruzados por las colas.

Son corintios los capiteles del primer grupo (8) del segundo tramo, aunque el del exterior al recortar las hojas en festones puntiagudos, las agrupa de dos en dos. El del interior es de hojas más pequeñas aplanadas. En los dos grupos siguientes (7 y 6) los capiteles interiores son sustituciones con capiteles labrados en el siglo XIV que muestran las hojas estilizadas y adheridas. El segundo de ellos se empareja con otro de tipo corintio y el primero con un capitel ornamental de frisos de acantos y cintas perladas que brotan de las fauces de unas cabezas de lobo invertidas situadas en la parte central.

El segundo pilar intermedio (5) funde los capiteles de las esquinas con los frisos que lo circuyen en un solo tema formado por la repetición de aves afrontadas colocadas de perfil y contrapuestas que pican los frutos pendientes de unos entrelazos. El último tramo de la galería (4) se inicia con un capitel ornamental que se agrupa con otro corintio. Sigue otro (3) con decoración de entrelazos y acantos que respaldan a tres conejos pasantes tratados con cierto naturalismo, perseguidos por un personaje minúsculo. Se le empareja un capitel figurado con monstruos de cuerpo con alas y cabeza de reptil que se apoya sobre hojas de acanto. Los grifos con cola de reptil que mordisquean los frutos pendientes de los ángulos forman el tema del último capitel interior (2) que tiene contiguo otro de simple ornamentación vegetal de acantos y enlaces de cintas.

La *galería occidental* es la más larga de todas, dividida en tres tramos de cinco arcuaciones cada uno mediante dos pilares intermedios. Debió comenzarse casi a continuación de la meridional. En ella predominan los capiteles figurados con escenas de luchas que alternan con los corintios y los ornamentales del mismo tipo que es común en el conjunto del claustro. Tiene historiado el primero de los capiteles y dos de los frisos de un pilar intermedio.

El pilar angular (16) con la galería septentrional tiene tres capiteles corintios hacia el exterior del patio y dos con temas de pájaros simétricos con graciosas incurvaciones de cuerpo que interrumpen el friso que lo circuye en sus lados. Este se reduce a una doble cenefa de hojas de acanto que brotan de tallos enlazados entre los que se producen alternativamente otros tallos más cortos rematados en piña. A partir de este punto se divisa el primer capitel (15) figurado con el típico personaje sentado en el centro de cada cara que enlaza los tallos procedentes de cabezas de lobo invertidas en los ángulos. Se le empareja un capitel corintio que no se diversifica de los tres del pilar anterior. Son raras las tres aves con cabeza de gallo y cola de reptil levantada que llenan el capitel siguiente (14), dos de ellas afrontadas para picar una piña que pende del ángulo y la tercera ocupando el espacio remanente. Este capitel se combina con otro corriente de tipo corintio. Sigue el tema de dos leones simétricos que tienen las garras sobre el cuerpo de un personaje tendido boca abajo al que devoran engolando la cabeza (13); es minucioso el detalle del cincelado cuya fina ejecución realza un tipo representativo utilizado en la portada de la iglesia. El capitel inmediato es de hojas de acanto que penden de los dados con cintas perladas que se entrecruzan dando a los ángulos dobles caulículos con racimos. Emparejado con el capitel corintio que recae al exterior vuelve la lucha entre el hombre y las bestias en un ejemplar muy deteriorado (12) que deja entrever una especie de león mordisqueando la pierna de una persona que coge la cola de otro monstruo que está en acecho para atacar a un hombre que se defiende con un bastón.

El primer pilar intermedio (11) está rodeado por un friso común que absorbe los capiteles, constituido en dos de sus caras por un tema de entrelazos que parten de una cabeza superior a cuyo lado se arrollan dos hojas de acanto y que se entrecruzan en la inferior para formar otras dos hojas con piña central; en las otras dos caras el motivo ornamental consta de aves retorcidas que muerden sus patas posadas sobre hojas de acanto. La mutilación a que se halla reducida el capitel del primer grupo del último tramo (10) permite observar, dentro de una decoración derivada del corintio, a un personaje que se defiende de una bestia blandiendo una espada. Se empareja a un capitel ornamental de cintas perladas y racimos tratados con fina ejecución entre los acantos. Mitad ornamental en dos de sus caras con cabezas engoladas y cintas entre hojas de acanto y racimos y mitad figurados, es el capitel (9) en el que pueden identificarse dos sirenas pez afrontadas, a pesar de la mutilación que no permite apreciar su actitud ni el significado de un objeto circular que se interfiere en ellas. A éste se empareja un capitel corintio. Sigue (8) una lucha cuerpo a cuerpo entre dos personajes; aunque vestidos con armaduras, se embisten encarnizadamente arrastrándose a gatas, cogiéndose por los cabellos e intentando herirse con espadas anchas y cortas. Este capitel de fondo ornamental parece que contendría dos aves simétricas picando racimos en el lado opuesto. Se le empareja un capitel ornamental de friso inferior de acantos con una cabeza de monstruo invertida en cada cara, de cuyas fauces parten los dobles tallos perlados que rematan en hojas y volutas. En el próximo capitel (7) queda representada la caza del jabalí sobre un fondo ornamental en el que se ve a un personaje que coge por el cuello al animal tumbado al suelo patas arriba mientras acecha otro jabalí cabizbajo y de pie. Se le empareja un capitel derivado del corintio con racimos y piñas en las caras.

El segundo pilar intermedio (6) se adorna con un tema ornamental de entrelazos perlados con dobles hojas arrolladas y una piña al centro que reviste a tres de los capiteles de las esquinas y los dos frisos más cortos. En cambio los otros dos más largos y contrapuestos se dedicaron a representar la obra de construcción del claustro en dos escenas. En una comparecen los operarios vestidos con túnica corta ceñida que transportan el agua necesaria sirviéndose de una cuba formada por tablas de madera sujetas con anillos de hierro y cubierta con tapadera provista de asa. Dos de ellos la llevan cargada con dos palos incurvando el cuerpo al peso y al ritmo del movimiento de los pies. Le sigue otro obrero que lleva el agua para beber en un botijo esférico cargado sobre la espalda. La otra escena muestra los escultores dedicados a su tarea. Son dos que visten también túnica corta ceñida y uno de ellos con la cabeza cubierta con un gorro de lana. Se hallan simétricamente sentados en bajos taburetes y vueltos de espaldas accionando con ambas manos el instrumento sobre un bloque de piedra. Con ello se disponen a labrar el capitel según el modelo de tipo corintio que aparece tumbado entre las cintas ornamentales del capitel de la esquina. En el fondo queda representada la escuadra y entre ambos escultores se desarrolla una muy acabada foliación de doble hoja de la que pende una larga piña central. Estas escenas inspiradas en el movimiento de la construcción de la obra como trasunto de una realidad tangible, se completan con la inspección del obispo que otorga su bendición y aplauso. El escultor ha querido prestar a ello el máximo relieve y ha situado el acto en la esquina del friso dentro de un enmarcamiento de columnas rematadas en torrecillas, como en los capiteles historiados, de las que brotan unas arcuaciones que, aunque adquieran un vaciado cóncavo para dejar espacio donde situar los personajes, evocan ya la realidad del claustro. El obispo se detiene ante los escultores a quienes bendice mientras contempla su obra. Viste los indumentos pontificales y ciñe su cabeza una mitra corta con franja inferior circular y otra vertical hacia la punta que recae normalmente sobre la frente, aunque por razones de perspectiva pueda aparecer puesta con las puntas a los lados. Detrás de él sigue el eclesiástico que lleva el báculo vestido con la sobrepelliz circular por cuyos lados saca los brazos. Un tercer personaje completa la escena. Es el canónigo operario revestido con hábitos corales encargado de la administración de la obra.

El último tramo de esta galería se inicia con un capitel (5) lleno de racimos y entrelazos que brotan de cabezas de lobo invertidas; pero en la mitad inferior se duplica el tema alusivo a la vendimia en las caras opuestas con la representación de dos personajes situados en las esquinas que llevan una portadora llena de uvas en una actitud semejante a los obreros que llevan el agua en el friso del pilar anterior. El capitel contiguo se resuelve en tallos que emergen de hojas de acanto y rematan en racimos. Sigue una escena de lucha (4) identificable en los dos personajes que se golpean en presencia de otros dos que están de pie calzados con finos zapatos puntiagudos y adornados cinturones. Se le empareja un capitel corintio. Retorna la

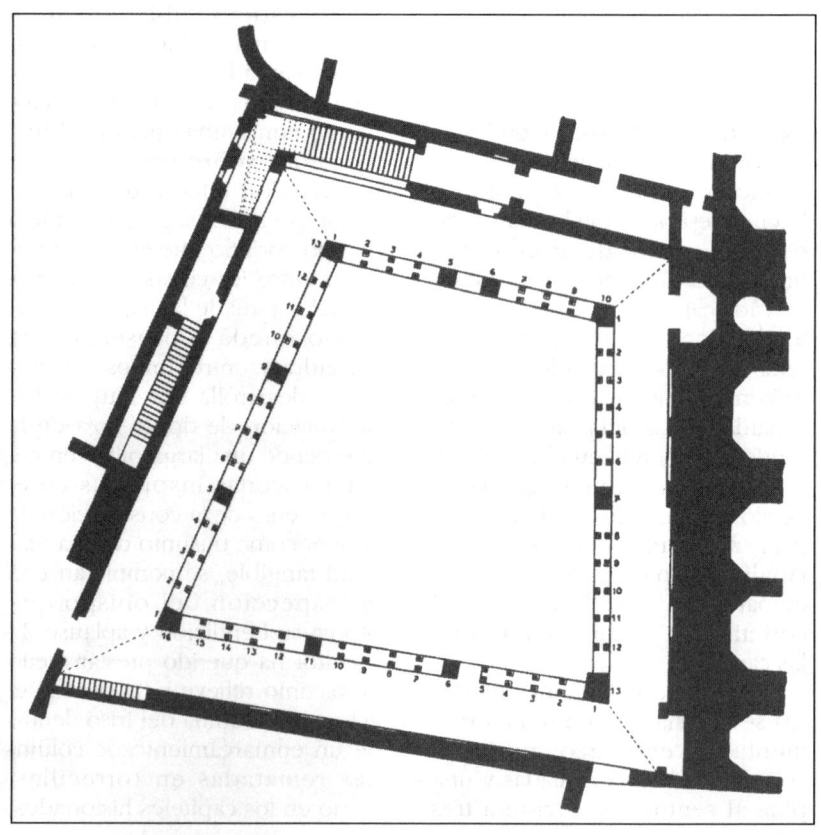

Catedral de Girona (claustro).

lucha del hombre que en el capitel siguiente (3) es un guerrero que blande la espada y se defiende con un escudo oval de un dragón alado y de larga cola enroscada. Tiene al lado un capitel de entrelazos sobre un friso de hojas de acanto. Es historiado el último de los capiteles (2) de la galería emparejado a otro corintio barbarizante. El tema de la historia está sacado de la vida de Noé en el episodio de su embriaguez. El patriarca cuida el emparrado que ha plantado después del diluvio y recoge los racimos de uva en un cesto. Reaparece ebrio debajo de la torrecilla, donde se le reconoce a pesar de la erosión de la piedra, en posición agachada vestido con túnica corta mostrando la desnudez de sus muslos que cuida bien de señalar su hijo Cam en un gesto de burla. Sus otros dos hijos se acercan piadosos, llevando el primero un lienzo desplegado para cubrir a su padre. Noé conocedor del hecho maldice a su hijo Cam en la escena siguiente. Queda en el centro de la última cara del capitel una figura de mujer ladeada que levanta los brazos en actitud de expectación, envuelta en un amplio manto que se le ondula en pliegues sobre la mano izquierda. La posición de este capitel inmediato al pilar del ángulo cuyo friso termina con la escena del Diluvio, puede explicar la representación de Noé como una continuación de la narrativa bíblica que quedó truncada y sin proseguir por este lado del claustro. Esto corroboraría que su construcción fue simultánea a la interferencia de la galería meridional con la occidental.

Dimensiones

Claustro

Dimensiones del patio:
lado meridional	18,80 m.
lado occidental	22,80 m.
lado septentrional	21,60 m.
lado oriental	14,20 m.

Anchura de las galerías:
meridional	3,40 m.
occidental	3,20 m.
septentrional	3,80 m.
oriental	3,40 m.
Altura de las columnas	0,97 m.
Capiteles	0,28 x 0,28 x 0,35 m.
Abacos	1,07 x 0,40 x 0,17 m.
Basas	0,28 x 0,28 x 0,17 m.

SANT PERE DE GALLIGANS

El monasterio benedictino de Sant Pere ya existía en el 992 fuera de las murallas de Gerona. En 1117 se sometió al cenobio de La Grassa del Llenuadoc. Pronto se emprendió la renovación de la iglesia, cuyas obras se estaban realizando en 1131. Conserva el tipo de tres naves con la central cubierta en bóveda de cañón y las colaterales en cuarto de círculo, separadas por pilares con columnas adosadas en las caras, de la parte de la nave central, y que soportan los arcos torales. Las ventanas están abiertas en la parte del muro situado entre los pilares. Al extremo de las naves se extiende el crucero con el ábside central decorado por columnas y dos absidiolos abiertos en el lado de la Epístola. En el otro lado no hay más que un solo absidiolo de mayor tamaño, que se combina con otro situado en el extremo del crucero. Esta disposición ha hecho

E***

✉ Sta. Llúcia, 1
☎ 20 26 32

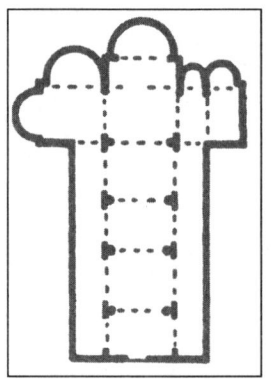

Planta de la iglesia del monasterio.

suponer que en este lugar se habría incorporado parte de la iglesia anterior, de planta triabsidal, con el cimborrio desarrollado actualmente en una torre octogonal de dos pisos, el primero de los cuales va decorado con arcuaciones lombardas. Los ábsides son lisos en el exterior, con ventana central. En la fachada se abre un gran rosetón formado por arcuaciones radiales. Debajo está el portal de arcos lisos en gradación y columnas estriadas. Los capiteles, con estilizaciones geométricas y zoomórficas presentan un marcado carácter arcaizante, así como los relieves planos que decoran las arquivoltas. No obstante, el cincelado de los capiteles del interior de la iglesia, se inspira en temas de leones afrontados y motivos vegetales. En el flanco de la iglesia está el gracioso claustro rectangular de galerías cubiertas con bóveda de cuarto de esfera. Posiblemente, la galería norte estaría terminada hacia 1154 y las restantes hacia 1190. Es de dobles columnas entre pilares rectangulares y grupos de cinco columnas en el centro de cada galería. Las paredes del interior del patio acaban en arcuaciones sobre ménsulas. La escultura de los capiteles manifiesta un movimiento estilístico que enlaza con la obra de los claustros de la catedral de Gerona y de Sant Cugat del Vallès. Entre los temas históricos figuran: la Natividad, la Adoración de los Magos, la Huida a Egipto, la Visitación, una escena de danza, un obispo oficiando en el altar y una mujer sosteniendo su larga cabellera. No faltan las sirenas de doble cola, los guerreros, las luchas con leones, la fauna de leones y arpías afrontadas y los temas vegetales y de lacerías entre los capiteles de tipo corintio.

MUSEO DIOCESANO DE GIRONA
BELLCAIRE

E**
Pujada de la Catedral, 12
20 38 34 / 20 95 36

El ábside ha dado unos fragmentos de la composición decorativa conservados en el Museo Diocesano de Girona. Son de la misma mano del maestro de Osormort, quien dejó allí representado el Pentecostés con una paloma de grandes dimensiones, en el centro de la media cúpula, entre las figuras del Padre y del Hijo. Desde la paloma descienden rayos de fuego sobre los apóstoles y la Virgen, sentados en fila, en la zona del hemiciclo.

PEDRINYÀ

La decoración absidal se encuentra en el Museo de Girona. El Pantocrator bendice desde el interior de la mandorla flanqueada por el águila de San Juan y el ángel de San Mateo, en la parte alta y por el león de San Marcos y el toro de San Lucas en la parte baja. En la zona interrnedia expone las escenas de la Anunciación; la Visitación; el Nacimiento y el Anuncio a los pastores, mientras un cortinaje figurado cierra la parte baja. La ejecución de la obra es atribuible al maestro de Espinelves, que decoró a finales del siglo XII el absidiolo de Santa María de Terrassa.

RAVOS DEL TERRI
SANT CUGAT

Otro ejemplar de reminiscencia arcaica referible al siglo XIII se encuentra en la media cúpula del ábside de esta iglesia. La mitad superior de una gran orla cuadrilobulada, cobija la figura del Pantocrator, sentado en escabel almohadillado, entre las representaciones del sol y de la luna. En la parte alta, dos ángeles simétricos en actitud de volar, sostienen la orla, y debajo de cada extremo hay unas figuras sedentes aladas, a manera de ángeles, presentados con las cabezas de los animales del Tetramorfos.

E*
☞ Cornellá del Terri:
– Sant Pere (ss. X-XI, reconstruida en el s. XVIII).
– Sant Antoni (románico).
– Can Sabater (castillo).
– Sant Juliá de Corts.

PORQUERES
SANTA MARIA

Cerca del lago de Banyoles se levanta la iglesia singular de Santa Maria, consagrada en 1182. Sus proporciones son enormes para una simple nave cubierta con bóveda de cañón con arcos torales. Acaba en un amplio ábside de cuerpo más bajo que se curva al prolongar los muros laterales. Las paredes exteriores están decoradas con una cornisa sobre ménsulas. El espacio interior del ábside se desarrolla bajo una imposta decorada de palmetas en una serie de arcuaciones sobre pilares, forrnando tres absidiolos y dos capillas en el tramo rectangular de ingreso, abiertos todos en el grosor del muro. Va precedido por un arco triunfal sobre columnas. Los capiteles están decorados de follaje de tradición morisca. Mientras las impostas presentan una decoración historiada: en el lado de la Epístola, la representación de Dios Creador entre ángeles, y la escena del pecado original. En el lado del Evangelio se halla Cristo glorificado en medio de los apóstoles, entre los cuales se encuentra la Virgen con el Niño. Es singular la disposición de la portada en arcos de herradura, en gradación sobre ligeras columnas. Los capiteles con temas florales y piñas, tienen la imposta de la serie interior decorada con figuras de animales; la otra es simplemente decorativa, con el amplio guardapolvo que enmarca el arco exterior. Decora la parte frontal del arco de entrada, una serie de medallones vaciados, que muestran el relieve de: cabezas y bustos humanos, cabezas de animales, cruces, motivos geométricos y florales.

E** △
P** La Masía del Lago
✉ Ctra. Circumval·lació del l'Estany, s/n
☎ 57 00 05
▲ 1.ª El Lago
✉ Paratje El Llac
☎ 57 03 05
✝ 15 agosto
☞ Banyoles:
– Santa Maria del Turets (gótico).
– Monestir de Sant Esteve (s. XVIII).
– Plaça Major.
– Pia Almoina (s. XIV), con el Museu Arqueològic.
– Estany de Banyoles △

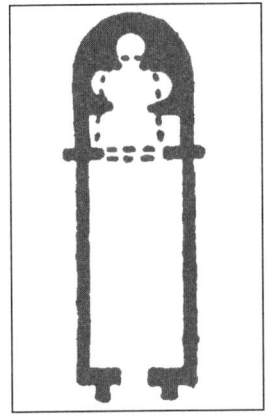

Planta de la iglesia.

Fachada de la iglesia.

SANT MIQUEL DE CAMPMAJOR
SANT MIQUEL

E*

Sant Miquel (29 septiembre) ✝

Falgons:
– Castell E**
– Sant Vicenç (románico)

En el condado de Besalú, la iglesia de Sant Miquel consagrada ya en 949 con tres altares, fue sustituida por otra durante el siglo XI, la que se amplió un siglo después con la añadidura de otra nave al lado septentrional. Constaba de tres naves cubiertas con bóvedas semicirculares sobre pilares cuadrados y de tres ábsides, uno de ellos desaparecido, decorados con cuatro arcuaciones entre lesenas.

CRUÏLLES
SANT MIQUEL

E**

Can Secundu R
Raval, 24 ✉
64 05 60 ☎

Castillo, con torre
maestra románica E**

Se trataba de una reedificación cuando se consagró la iglesia del cenobio de Sant Miquel en 904, que mantuvo su carácter monástico hasta que en 1562 pasó a depender de Sant Pere de Galligans de Gerona. La iglesia románica, del siglo XII adelantado, adopta el plan basilical de pilares cruciformes y bóvedas de cañón, reforzadas por arcos torales y con transepto sobresaliente como en las de la comarca de Gerona, pero admite un cimborio de poca expresión exterior. El reflejo de lo lombardo se entrevé en las arcuaciones que decoran los ábsides. Parte del primer tramo inmediato a la fachada fue víctima de un hundimiento que motivó su supresión, reduciéndose la longitud de la nave al hacerse la nueva fachada. Quedan restos de pintura en el ábside central con columnas disimuladas entre las ventanas y en la zona inferior con temas de leones inspirados en tejidos antiguos, además del ropaje que circuía la base de la decoración.

Debió ser realmente extraordinaria la decoración del ábside del priorato benedictino de Sant Miquel. Es obra de un maestro de mediados del siglo XII, juicio que nos ofrecen los pocos fragmentos que restan. Los paramentos entre ventanas estaban decorados con columnas imitadas que salían de un friso, ornado por una gran greca. La zona inferior, cubierta con amplios paños colgando, conserva representaciones simétricas de leones afrontados, que imitan las ricas telas de la época.

- Santa Eulàlia (s. XVIII)
- Murallas
- Sant Ponç (sábado próximo al 14 mayo)
- La Bisbal d'Empordà:
  – Palacio-castillo (s. XI) E***
  – Santa Maria de la Bisbal (barroco) E**
  – Les Voltes (casas porticadas)
  – Pont Vell (1606)
- Ullastret: ✱
  – Conjunto urbano E**
  – Sant Pere (románico) E**
  – Llotja E**
  – Poblado ibérico E***

BELLCAIRE D'EMPORDÀ
SANT JOAN

Priorato dependiente de la canónica agustiniana de Ulla, la iglesia de Sant Andreu y de Sant Joan conserva la características lombardas de la galería de ventanas ciegas que discurre en parte de los muros laterales de la nave y que circuye el ábside bajo el grupo de arcuaciones divididas por lesenas. Son de la misma mano que las del Brull y de Osormort las pinturas que, procedentes de este ábside, se conservan en el Museo Diocesano de Gerona, con el tema de la Pentecostés desarrollado en la parte cilíndrica bajo las figuras de la Trinidad.

E**

R L'Horta
✉ Major, 39
☎ 78 85 91

- Castell (s. XII) E**
- Can Camps (s. XVI)

✝ 29 agosto

CALDES DE MALAVELLA
SANT ESTEVE

Era una posesión del monasterio de Breda, cuya iglesia estaba dedicada a san Esteban. A pesar de las transformaciones sufridas, se conserva todavía gran parte de la disposición basilical de tres naves divididas por pilares cuadrados. Estaba cubierta con bóveda de cañón la nave central, un poco más alta que las colaterales, cubiertas éstas en cuarto de círculo. Corresponde a una forma arcaica resuelta en sillares tallados que forma el paramento totalmente liso de las paredes. Sólo el ábside central está decorado con arcuaciones seguidas, bajo un friso de dientes de sierra.

E*

H*** Balneari Vichy Catalán
✉ Av. Dr. Furest, 32
☎ 47 00 00

H** Esteba
✉ Francesc Macià, 2
☎ 47 00 55

- Castell de Malavella
- Termas romanas, en el cerro de Sant Grau y en el Puig de les Ànimes

✝ 1.º Domingo agosto

RUTA 2: Alt Empordà

VILABERTRAN
SANTA MARIA

Con la finalidad de establecer una comunidad religiosa, los propietarios de la iglesia de Santa Maria la cedieron al clérigo Pere Rigauld en 1069. Se ignora cuándo se reemplazó por otra que se consagró el año 1100, habitado por una canónica agustiniana. Es de planta basilical con los tres ábsides abiertos a un crucero que sobresale por los extremos de los muros laterales. Lo mismo que en Sant Joant les Fonts, la estructura interior queda resuelta con columnas adosadas a los pilares rectangulares que soportan los arcos torales y los arcos formeros de la nave central, cubierta con bóveda de cañón. Las colaterales están cubiertas en cuarto de círculo por debajo de las ventanas que iluminan la nave. El resto de los muros forma paramentos lisos, que sólo cortan las ventanas y los ojos de buey sobre los ábsides. Entre las tres aberturas distribuidas en el frontón de la fachada, se abre el portal, de arquivoltas sobre columnas. En un lado se levanta el campanario de tres pisos, con ventanas geminadas, señaladas por arcuaciones bajo un friso de dientes de sierra. Parece que en el otro lado se intentó levantar otra torre pare-

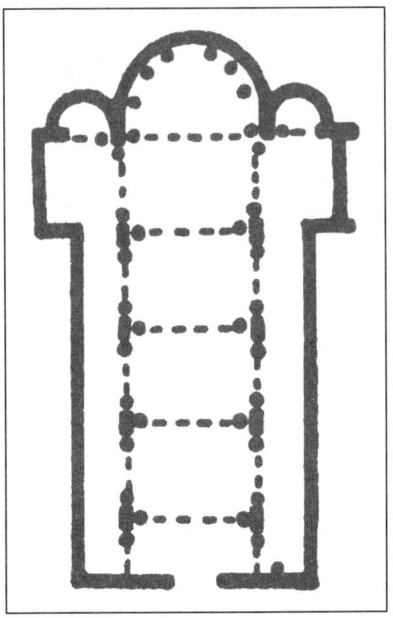

cida, proyecto que no se llevó a cabo. El claustro, de planta trapezoidal, es de galerías cubiertas en cuarto de círculo. Alternan columnas dobles con pilares, excepto en la galería oriental, donde el pilar central es sustituido por cuatro columnas. La mayor parte de los capiteles están simplemente desbastados y otros sin acabar. El tipo derivado del corintio es de grandes hojas con un solo verticilo.

E**

H   En Figueres:
H*** Ampurdán
✉ Ctra. N-II, Km. 763
☎ 50 05 62
H*** Bon Retorn
✉ Ctra. N-II, Km. 759
☎ 50 46 23
H*** Durán
✉ Lasauca, 5
☎ 50 12 50
H*** Pirineos
✉ Ronda de Barcelona, 1
☎ 50 03 12
H*** President
✉ Ronda Firal, 33
☎ 50 17 00
H*** Rallye
✉ Ronda de Barcelona, s/n
☎ 50 13 00
H** Europa
✉ Ronda Firal, 37
☎ 63 11 17

Planta de la iglesia.

📷   Canónica de Santa Maria de Vilabertran (s. XI) E**
📷   Palacio abacial (gótico) E**
✝   15 agosto
🛡   Festival de música (sept.)
☞   Figueres:
    – Sant Pere (gótico)
    – Teatre-museu Dalí E**
    – Torre Galatea
    – Museu de l'Empordá E**
    – Sant Ferran (1753-1766)

RUTAS ROMÁNICAS EN CATALUÑA/2

VILANOVA DE LA MUGA

Castelló d'Empúries: E*
– Núcleo antiguo E***
– Santa Maria de Castelló E**
– Parc Natural dels Aiguamolls de l'Empordá E***

Es una obra arcaica que se realiza en el siglo XIII con pobreza de color, alimentándose todavía de la corriente estilística que perdura en el sector de Gerona. No falta, dentro de la media cúpula, el Pantocrator rodeado del Tetramorfos, y, entre varias escenas incompletas y mal conservadas, se reconoce la Entrada a Jerusalén y el Lavatorio de los pies.

ROSES
SANTA MARIA

Ciutadella (renacentista) E**
Excavaciones de Rhode (griego) E**
Castell de la Trinitat
Creu d'En Cobertella (sepulcro megalítico) E**
Castell de Puig Rom, en ruinas (visigodo), con amplia vista sobre la bahía de Roses.

15 agosto ✛

Festa del Suquet (29 junio)

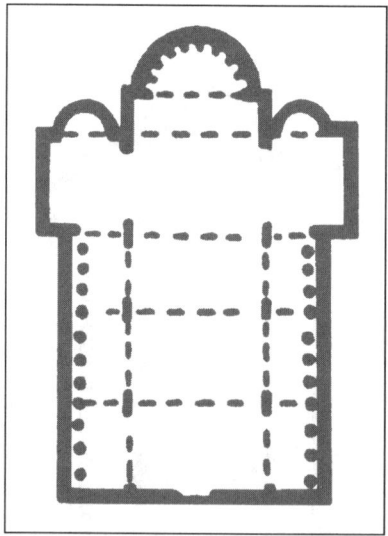

Planta de la iglesia.

El cenobio fue restaurado a mitad del siglo X como una pequeña iglesia dedicada a Santa María en el litoral del golfo de Roses. Se amplió en otra de plan basilical con transepto sobresaliente de los muros para la que se ha señalado una fecha de consagración en 1022. Sería en este caso una de las más adelantadas manifestaciones de la manera lombarda con las hornacinas al interior del ábside y las arcuaciones entre lesenas al exterior, sin que entre todavía en su funcionalidad típica por cuanto reproduce la movilidad y sentido decorativo tan arraigado en el círculo de San Pedro de Roda al usar de columnas en el enmarcamiento de las hornacinas del ábside y en las arcadas que discurrían a lo largo de los muros laterales. Estas se cubrían con bóveda en cuarto de círculo reforzada por arcos torales semicirculares. El estado progresivo de ruina no permite un examen más detenido de la doble influencia que alternó en su arquitectura cuyo plan se repite en la comarca.

PALAU SAVERDERA
SANT JOAN

Castell de Palau Saverdera E**
Sant Onofre (s. XVII) E**

2 febrero ✛

Pau:
– Sant Martí (románico), con osario gótico

Muy transformada en el interior, la iglesia de Sant Joan sigue el plan basilical que deja entrever la división en pilares para sostén de la bóveda semicircular en la nave central y de cuarto de círculo en las colaterales. Sólo los ábsides muestran las dobles arcuaciones entre lesenas que, en el central, albergan ventanas ciegas de mayor tamaño que el acostumbrado.

SANT QUIRZE DE CULERA

Se ignora la fundación del monasterio de Sant Quirze en el que el abad Manuel hizo derribar la obra antigua para erigir una iglesia consagrada en 935. Esta a su vez fue ampliada en plan basilical, inspirándose en San Pedro de Roda, y más tarde renovada en 1123, incorporando gran parte de los muros de la anterior.

Su estructura en piedra labrada adopta el plan basilical pero dejando más estrechas las naves colaterales, de las que sobresalen los extremos del crucero en el que se abren los tres ábsides. Los pilares cruciformes enlazando los arcos torales elevan la bóveda central semicircular y la de cuarto de círculo en las laterales, por encima de una moldura ajedrezada que señala el arranque y que en el interior del ábside viene a sostenerse sobre cuatro columnas. Aunque la obra recoge las modalidades de la comarca y las propias del siglo XII, escapando a la simplicidad lombarda, conserva las características de ésta en los resaltes de arcuaciones y lesenas que perduran en el externo de los ábsides.

E***

△ Serra de l'Albera
◉ Casa de l'Abat

SANTA MARIA DE CULERA

Cerca del monasterio de Sant Quirze se construyó una iglesia de una sola nave, dedicada a Santa María en 1123. Los muros están construidos con sillares pulidos absolutamente lisos. La bóveda de cañón apuntado está hecha también mediante el procedimiento de encofrado de cañas con losas finas, como se hacía en el período anterior.

E**

△ Serra de l'Albera

SANT MIQUEL DE FLUVIÀ
SANT MIQUEL

El monasterio benedictino dedicado a San Miguel constituye un ejemplo de sobreposición de estilos y de modificaciones de obra en el paso de un concepto a otro de lo románico. Establecida la fundación en 1045 con intervención de Oliba, obispo de Vic y abad de Ripoll, la obra procedió lentamente sobre un

E**

◉ Sant Sebastià (s. XVIII)
✝ Sant Miquel (29 septiembre)

L'Escala:
- Ruinas de Empúries (greco-romano), con Museo E***
  77 02 08
- Cementiri Vell (neoclásico)
- Alfolí de la Sal, salina (s. XVII)
- Sant Pere (s. XVIII)

Sant Martí d'Empúries:
- Murallas y torres E**
- Sant Martí (gótico) E**, con pila bautismal románica

terreno cuya propiedad estuvo largo tiempo en litigio. En 1066 se efectuó una consagración que puede fechar las partes más antiguas remanentes que acusan un plan basilical con transepto sobresaliente del cuerpo de las naves y tres ábsides adornados con resaltes de arcuaciones lombardas. Se ignora por cuáles razones la construcción fue proseguida con bloques labrados y con la añadidura de columnas en refuerzo de los pilares, puestas también en el circuito interior del ábside central, modificándolo así en su parte alta después de abrir nuevas ventanas apoyadas sobre columnitas, terminándose la obra con un campanario de torre cuadrada, de cuatro pisos, en el que los elementos lombardos reaparecen transformados.

NAVATA
SANT PERE

E*
Sant Pere (barroco)
Castell de Navata

Sólo se identifican cuatro escenas narrativas en la zona semicircular del ábside de esta pequeña iglesia en las cuales perdura el arcaísmo típico del siglo XIII, de la zona de Gerona.

LLADÓ
SANTA MARIA

Planta de la iglesia.

E**
Kan Kiku R
Pl. Major, 1
56 51 04
Sant Feliu (s. XVIII)
11 julio

La iglesia de Santa Maria fue restaurada en 1089 para establecer en ella una canónica agustiniana. No obstante, la institución no fue definitivamente aprobada hasta 1124. La obra de la nueva iglesia estaba ya muy avanzada en tiempo del prior Arnau de Coll quien, en 1186 fue llamado a Roma por mala administración de sus bienes. Esto perjudicó a la construcción que, empezada con gran euforia, fue acabada de una manera más modesta, dejando sin labrar los capiteles de la nave central. En la solución de tres ábsides, como en Sant Pere de Galligans, se adoptó el sistema de columnas adosadas a los pilares como soporte de los arcos torales. Es también de cañón apuntada la bóveda de la nave central, más alzada que las colaterales, cubiertas en cuarto de círculo. Las ventanas de los ábsides van ornamentadas con columnas; de la misma manera, la ventana central de la fachada, abierta debajo de un frontón decorado con cornisa de ménsulas. Debajo de aquélla se abre la puerta adintelada con arquivoltas que tienen el toro decorado en espiral sobre parejas de columnas, con capiteles corintios. Solamente tres capiteles restan del claustro que, posiblemente, no se llevaría a cabo según la forma inicialmente proyectada.

RUTA 3: Garrotxa

SANT JOAN LES FONTS
SANT JOAN Y SANT ESTEVE

Priorato benedictino establecido por el monasterio de San Víctor de Marsella, en una iglesia dedicada a San Juan y reedificada en el 958. Fue dada a aquel cenobio en 1079, por los vizcondes de Bas. El obispo de Gerona confirmó la donación en 1106, momento en que debió emprenderse la obra de la iglesia acabada, probablemente, veinte años más tarde. Sigue la estructura tradicional en la comarca, de una basílica de tres naves y tres ábsides. Pero la cubierta es de cañón apuntado en la nave central y de cuarto de círculo en las colaterales, arrancando sobre una imposta. Los pilares de división admiten columnas en los sotoarcos semicirculares y también en los torales de la nave central, de sección apuntada. Con estos nuevos elementos de influencia provenzal, llega la norma decorativa del exterior. El cuerpo de la nave central sobresale lo justo para dar una cornisa de ménsulas y dientes de sierra que se repite también en las colaterales, entre las fajas verticales de los contrafuertes. El ábside

está ornamentado con arcuaciones sobre medias columnas bajo un friso de dientes de sierra, y arcuaciones seguidas en los absidiolos, de los que sólo se conserva el de la parte del Evangelio. En el muro de poniente está el portal de arcos lisos en gradación que alojan un doble par de columnas con estrías verticales y una sola arquivolta cincelada con flores entrelazadas. Los capiteles están decorados con follajes, mientras los del interior de la iglesia son corintios, excepto dos que tienen figuraciones de animales. Los sillares, de arenisca roja, le dan una tonalidad que se armoniza con la elegante expresión decorativa de los muros.

E** △

🚶 La Vall del Bac: Sant Joan les Fonts, Castellar de la Muntanya, Vall del Bac, Coll de l'Abarcadura, Els Joncars, Capsec, Lloc, Alou, Sant Joan les Fonts.
🚶 Conos volcánicos de Aiguanegra, Cairat, Repàs, Bellaire, l'Estany, Puig de l'Ós y Gengí, en el Parc Natural de la Zona Volcánica de la Garrotxa △ E***

La iglesia con el puente medieval en primer término.

📷 Casa Juvinyà (románico civil) E**
📷 Puente medieval (gótico) E**
📷 Sant Joan (neogótico)
✝ San Joan (24 junio)
🛡 Festa del Roser (2.º domingo siguiente a la Pascua de Resurrección)
☞ Olot △ :
– Sant Esteve (s. XVIII)
– Santa Maria de Tura (barroco)
– Claustro del Carme (renacentista)
– Casa Sola-Morales (modernista)
– Sant Andreu del Coll (s. XII)
– Castell dels Senyors del Coll (s. XII)

BESALÚ

24-26 septiembre ✣

Antigua capital de un condado que fue independiente del 877 a 1114, fecha en la que se fusionan los condados de Barcelona. Besalú conserva en su recinto tres iglesias notables posteriores a este período: Santa Maria, Sant Pere y Sant Miquel, sin contar la de Sant Vicenç.

Puente románico (reconstruido) sobre el río Fluviá.

| Siqués H* |
| Av. Lluís Companys, 6-8 ✉ |
| 59 01 10 ☎ |
| Curia Reial R |
| Pl. de la Llibertat, 15 ✉ |
| 59 02 63 ☎ |
| Pont Vell R |
| Pont Vell, 28 ✉ |
| 59 10 27 ☎ |
| Can Quei R |
| Sant Vicenç ✉ |
| 59 00 85 ☎ |

Núcleo antiguo E*** 📷
Mikwa (s. XII) E*** 📷
Curia Reial (s. XIV) E** 📷
Casa Llaudes, con galería porticada románica 📷
Calle de Tallaferro, con pórticos románicos 📷
Puente sobre el Fluviá E** 📷

E***

E***

El conde obispo de Gerona, Miró II, dedicó en el 977 un monasterio benedictino a Sant Pere, y a Sant Miquel una residencia canonical, a la cual unió la iglesia de Sant Vicenç, a título de parroquial. Las dos instituciones estuvieron puestas bajo la custodia de la Santa Sede. Su sobrino, el conde Bernat Tallaferro, renovó Sant Pere, consagrado en 1003, y unió Santa María a la residencia canonical de Sant Miquel. Iglesia que debió renovar también, ya que la designó en 1017, como sede de un obispado que no prosperó.

El hijo de Bernardo, el conde Guillermo, emprendió la construcción del castillo condal, donde construyó también una iglesia, consagrada en 1055 y dedicada a Santa Maria. Iglesia que no debe confundirse con la que ya existía. Su hijo, el conde Bernardo II, sometiéndose a la reforma eclesiástica, confió en 1070 el monasterio de Sant Pere al de San Víctor de Marsella. Antes que reformar la residencia canonical de Sant Miquel, el conde prefirió unirla, al igual que todas las demás de Besalú, a la de su propio castillo, entregándolo todo al monasterio de San Rufo de Avignon, con el fin de que se estableciera una residencia de canónigos de San Agustín. En realidad, la canónica no fue consolidada hasta que el condado de Besalú fue anexionado al de Barcelona, en 1114. La fundación fue confirmada, entonces, por el abad de San Rufo y el obispo de Gerona.

No se conoce la fecha exacta de la construcción de la nueva iglesia de Santa Maria, donde la residencia canonical subsistió hasta 1592. Actualmente se halla reducida a unas lamentables ruinas. De la iglesia sólo resta la cabecera con transepto que sobrepasa las tres naves, divididas éstas por unos pilares con columnas adosadas. Un absidiolo, a cada lado, es introducido por unos arcos sobre columnas, como en el presbiterio, ante el ábside. El transepto está cubierto por una bóveda de cañón, que arranca de una cornisa unida a las impostas sobre los capiteles. Una cornisa parecida corre sobre las ménsulas, bajo la cubierta exterior, en el lugar donde se encuentran los ábsides, con unos arcos separados por unas columnas en los ábsides laterales, y alternando con unas ménsulas en el ábside central. Los derrames de las ventanas están formados por arcos en gradación. La estructura en bloques de piedra tallada se armoniza con los elementos esculpidos según los métodos que se difundieron en aquella zona, a principios del siglo XII. Los capiteles de la parte central son de tipo corintio, de follaje minucioso. Los capiteles de los colaterales, sin detalles, evocan los de Sant Pere de Roda o Rodes. Se reconoce en ellos la obra de los talleres roselloneses a los cuales se deben también el tímpano de la puerta –Cristo en Majestad y Tetramorfos– actualmente en el «Conventet» de Pedralbes.

La iglesia de Sant Pere pertenece ya a una época avanzada del siglo XII. Reemplazó a la vieja iglesia condal e introdujo un plan de nave absidal, permitiendo tres capillas radiales, un transepto provisto de absidiolo, en cada brazo, y tres naves. La nave central más alta, está cubierta con bóveda de cañón. Las naves colaterales están cubiertas con bóveda de cuarto de círculo. Si los capiteles de la nave absidal dan testimonio de las influencias del Norte de Italia, los otros, en cambio, pertenecen a la escuela rosellonesa, lo mismo que las esculturas de las ventanas.

Aunque construida después de Sant Pere, la iglesia de Sant Vicenç se ordenó según un plan arcaico. Presenta también una nave central más alta, en bóveda de cañón, y dos naves laterales en cuarto de círculo. A la nave central se ajusta un transepto en el cual se abren tres ábsides. La puerta lateral presenta los temas decorativos de la portada de Ripoll. La puerta principal, no obstante, es más tardía.

E***

PALERA
SANT SEPULCRE

La basílica dedicada al Santo Sepulcro fue construida por el señor de Palera, Arnald Gaufred, y consagrada en 1085. Pocos años después, en 1107, la entregó al abad del monasterio de la Grassa, quien estableció allí un priorato benedictino. Consta de tres naves rematadas con sus respectivos ábsides. La nave central está cubierta por bóveda de cañón peraltado y las colaterales de cuarto de círculo, bajo cubierta única a dos vertientes. Es de una gran simplicidad, con los muros lisos, y pilastras de soporte sin arcos torales. En este aspecto sigue un tipo de estructura, que sólo difiere de los métodos lombardos por el uso de grandes sillares; por la bóveda central peraltada, por la imposta corrida bajo el arranque de las bóvedas, y por el exterior liso, incluso en los ábsides, donde aparece solamente una imposta con una cornisa. La iglesia va precedida por un atrio cerrado de construcción posterior, posiblemente cuando se construyó la residencia monástica alrededor del claustro actualmente desaparecido.

E*

 Santa Maria de Palera (románico)

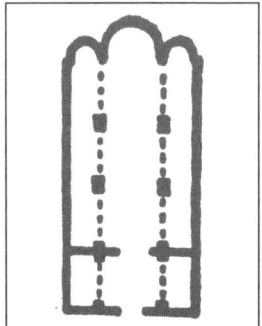

Planta de la basílica.

BEUDA
SANT FELIU

E*
Can Marceli   R
Pl. Major, s/n   ✉
Castillo (gótico)   📷
1.º domingo agosto   ✝

Planta de la iglesia.

La primitiva iglesia de Sant Feliu fue totalmente renovada a principios del siglo XII, con un sillarejo grande, no muy bien definido, tal como se ve ya en las grandes construcciones. Se realiza en ella la estructura tradicional de una basílica de muros absolutamente lisos que se estrechan hacia el frontispicio. Son rectangulares los pilares divisorios; la bóveda de la nave central es de cañón, y de cuarto de círculo las colaterales, bajo cubierta única a dos pendientes. Las tres ventanas de la fachada se combinan con el portal en arco, sostenido por columnas laterales y sin dintel.

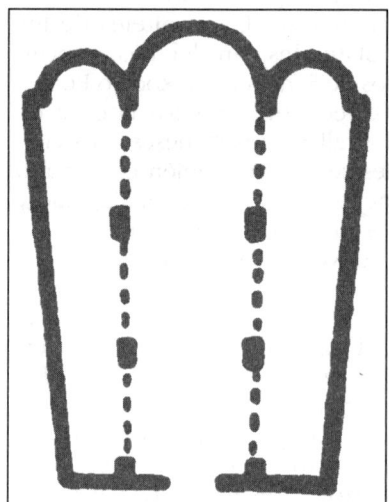

SANT ESTEVE D'EN BAS
SANT ESTEVE

E*
Sant Antoni   H*
Ctra. de Santa Coloma, s/n   ✉
69 00 33   ☎

La Vall d'en Bas ofrece bellos paisajes (Puigsacalm, Salt del Sallent, Pla Traver), iglesias (Sant Privat, Falgars, Joanetes, La Pinya), Castillos (Castelló) y masías.

Desde el 894 consta una iglesia dedicada a Sant Esteve. La actual fue consagrada en 1119. Es de planta de cruz con tres ábsides. Las bóvedas fueron reconstruidas después de su derrocamiento ocasionado por el terremoto de 1428, época en que se le añadieron también las naves laterales. Es característica la influencia provenzal en las columnas aplicadas bajo los arcos del transepto, pero particularmente, en la disposición interior del ábside poligonal con arco sobre medias columnas que se acusa en el exterior con arcuaciones a semejanza de unas ventanas ciegas geminadas. Predominan en ella los capiteles historiados en uno de los cuales está la Virgen con el Niño dentro de una aureola almendrada.

BIANYÀ
SANT SALVADOR

E*
La Vall de Bianyà tiene un alto valor paisajístico y reserva grandes sorpresas en sus minúsculos pueblos de las montañas

Consagrada en 1170. De una sola nave, con muros de sillares nobles, provista de ábside, cuya media cúpula arranca de una imposta y dos capiteles más antiguos, incorporados en el arco de abertura. Las paredes lisas en el exterior acaban en una cornisa de ménsulas que ciñe también el ábside. En éste se abre la ventana central orlada de guardapolvo y arquivoltas sobre dos columnas. El portal es adintelado.

RUTA 4: Ripollès

RIPOLL
SANTA MARIA

Ripoll se encuentra en la carretera que lleva de Puigcerdá a Vic y Barcelona. Su acceso es fácil por tanto.

De este inmenso monasterio, que ejerció tanta influencia en su época, no queda en pie más que la iglesia y el claustro, en parte desfigurados por una restauración.

Pero su enorme portada, pieza única, capital, todavía resiste. A pesar de la enfermedad de corrosión que sufre la piedra, sigue siendo uno de los mejores testimonios, una de las mayores glorias de la Cataluña románica.

Los altos valles pirenaicos fecundaron una pléyade de pequeños monasterios que crecieron al

E***

H** Solana de Ter
✉ Ctra. Barcelona-Ripoll, s/n
☎ 70 10 62
R El Racó del Francés
✉ Pla d'Ordina, 11
☎ 70 18 94
R Grill el Gall
✉ Ctra. Barcelona-Puigcerdá, Km. 109
☎ 70 24 51
R Del Ripollés
✉ Pl. Nova, 11
☎ 70 02 15

▲ 2.ª Solana de Ter
✉ Ctra. Barcelona, Km. 104
☎ 70 10 62

📷 Sant Pere (románico)
📷 Can Codina (modernista)
📷 Can Dou (modernista)

✝ 11 mayo

Vista exterior del monasterio de Santa María.

amparo de las defensas naturales de la montaña, algunos como supervivencias de vida religiosa escapadas a la invasión musulmana, otros como unidades de repoblación creadas al inicio de la reconquista, y los más, abandonados a una vida efímera ante el auge adquirido por aquellos que se desarrollaron bajo la protección directa de las clases dominantes. Ripoll obtuvo la preponderancia por encima de todos, debido no sólo a una fundación establecida en el momento en que la mayor parte de los condados de la Marca Hispánica pasaron al gobierno de Wifredo el Velloso y puesta bajo la activa intervención protectora de sus descendientes, sino también a causa de las pingües dotaciones, siempre en aumento, que permitieron enraizar un incremento monástico de perfecta cohesión en la regla de San Benito; de ella se hizo adalid de reforma según las directivas de Cluny, con el gobierno de abades de gran categoría que al mismo tiempo ejercieron el cargo de obispos, como Arnulfo en la sede de Gerona y Oliba en la de Vic. Su importancia fue decisiva en un país que adquiría conciencia de su razón de ser, tanto como símbolo votivo desde los principios de la repoblación del territorio central como por el prestigio inmediato que irradió a través de sus intensas relaciones culturales con los monasterios más señalados de la época; ello gracias al centro de formación que se desarrolló en su seno en torno a una nutrida biblioteca sostenida por un escriptorio en el que se realizaron copias de manuscritos dispersos y casi olvidados y desde el que se difundieron textos reunidos con paciente labor. No puede prescindirse de Ripoll si se quiere penetrar en la comprensión del engranaje de las diversas corrientes culturales que antes del año mil convergieron en la eficacia europea del románico. La trascendencia lograda en este aspecto más allá de las fronteras, con la irradiación de su propio significado, recaía en favor del prestigio representado creándole una aureola que transfundía el sentido íntimo del país. Durante el período condal, a través de los dos siglos y medio que tardó en ultimarse la reconquista hasta el confín limítrofe con el reino de Aragón, Ripoll conserva un impulso creciente que nutre las esencias constitutivas de un pueblo y late en su virtualidad religiosa, presente en sus mejores actividades, manteniendo viva la llama del saber, propulsando su historia y entonando sus gestas, para exultar con su arte la mejor glorificación figurativa que la escultura románica perpetuó en uno de los monumentos más singulares, cual es el de su magnífica portada. Las mejores páginas de la historia del monasterio quedan consignadas en el destello que su luz produce en este período, en el que abundan las sombras de la gestación de un nuevo orden, señaladas por las sucesivas reconstrucciones de la basílica en cada una de las generaciones que apoyaron su crecimiento y en las ampliaciones y perfeccionamientos logrados después en cada época representativa, para cerrarse con las tumbas de los dos últimos condes de Barcelona, epítome y compendio de una era de glorias en que la espada del cruzado, una vez terminada la empresa, pasaba a ser ofrecida en la basílica votiva donde aquélla se había iniciado. La poderosa abadía del medievo, aunque relegada a la montaña después que los reyes de Aragón cifraran su interés en los monasterios cistercienses de Poblet y de Santes Creus, no perdió, empero, su consistente simbolismo, mantenido por la fuerza de una representación histórica cuyo carácter indeleble no pudo ser borrado por las ulteriores evoluciones. Cuando el principio revolucionario hizo trizas de sus monumentos saqueados y la destrucción amontonó las ruinas, se salvó todavía el signo permanente de su auténtico significado que se impuso por el vigor de su contenido, a fin de que la reconstrucción surgiera de los escombros con el mismo espíritu que fue el aglutinante de la vitalidad antigua. Con ello perduró, cuando menos, el eco de una expresión monumental en la grandiosidad de la basílica custodiada por las torres que enmarcan la portada y en la recoleta quietud del claustro, suficiente para evocar las facetas más representativas del pasado histórico del monasterio.

Historia

El valle de Ripoll, siguiendo el curso del Ter hasta su confluencia con el Freser, se halla situado en el vértice septentrional del territorio ausonense cuya repoblación fue iniciada por el conde Wifredo el Velloso en el 879. El ameno sitio, resguardado por las estribaciones montañosas, fue inmediatamente adjudicado por el conde al abad Daguino, quien reunió una comunidad monástica bajo la protección del fundador. Diez años después, el 888, era solemnemente dedicada por Godmaro, obispo restaurador de la Sede Ausonense, la primera basílica de Santa María, que Wifredo y su esposa Guinidilde erigieron con sus dádivas, dotándola espléndidamente con extensas posesiones y acompañando la oblación de su propio hijo Rodulfo.

No podía haber nacido con mejores auspicios un monasterio que tenía algo de votivo en los inicios de la transformación de un país que pocos años antes había pasado al gobierno directo del conde, en el momento en que ampliaba los dominios de la reconquista como base de una unidad que se afianzaría con el tiempo. El cenobio creció tan rápidamente que pronto no bastó la iglesia, que tuvo que ser reemplazada por otra de mayores dimensiones, iniciada por el hijo de Wifredo, Mitón, conde de Cerdaña y Besalú, terminada por su hermano Sunyet, conde de Barcelona, y consagrada el año 935 por Jorge, obispo de Vic. Pero con ello no se contuvo la inusitada rapidez del incremento en el constante número de monjes que acudían a recogerse a su regazo. Bajo el impulso del abad Arnulfo, obispo de Gerona al mismo tiempo, se ampliaron las construcciones monásticas para dar cabida a una comunidad que por su fervor atraía los donativos de los próceres y en cuyo seno se fomentaba un alto ambiente espiritual y cultural. Fue necesario edificar por tercera vez la iglesia monástica que los descendientes de los fundadores, los hermanos Miró Bonfill, levita y luego obispo de Gerona, y Oliba Cabreta, conde de Cerdanya y Besalú, pudieron ver realizada en siete años, superando las anteriores edificadas respectivamente por su padre y su abuelo. El resultado fue una grandiosa construcción basilical de cinco naves cubiertas con armaduras de madera y divididas por hileras de gruesos pilares en la central y por pilares alternando con columnas entre las colaterales, rematadas cada una de ellas por sendos ábsides. La dedicación solemne tuvo efecto el 15 de noviembre del 977 en presencia de los próceres del país y con la asistencia de varios obispos, que consagraron los cinco altares dedicados a Santa María, a San Salvador, a la Santa Cruz, a San Miguel y a San Poncio.

El sólido prestigio del monasterio alcanzó la cumbre de sus mejores días cuando, en el mes de agosto de 1002, vio ingresar en su noviciado al conde Oliba, señor del territorio, al abandonar su hacienda y poder temporal para entregarse a la satisfacción de su fervor religioso y a su amor por el estudio. No pasó desapercibido un personaje de tal rango, con extraordinarias dotes de gobierno y a la primera ocasión, después de la muerte del abad Seniofredo, apenas transcurridos seis años, fue llamado a sucederle casi al mismo tiempo en que era designado abad de Cuixà. El espíritu renovador que irradiaba de este último monasterio fue llevado a Ripoll por el nuevo abad, que pronto pasó a ser el patriarca del monacato, con un influjo que se impuso por su primacía espiritual desde 1017, en que fue elegido para regir la diócesis de Vic, hasta su muerte acaecida en 1046. La figura señera de este hombre extraordinario, que impulsó todos los resortes de la vida del país y que dejó huellas profundas en todas partes, dejó en Ripoll el complemento y perfección de la obra de su familia. Su espíritu constructor hizo ampliar la basílica por la parte delantera con un cuerpo de edificio sobre el que se erigieron las torres simétricas de dos campanarios; derribó los ábsides que remataban las naves para abocarlas a un grandioso transepto cubierto a bóveda, elevado sobre una cripta y rematado por siete ábsides. La obra, iniciada hacia 1020 con las nuevas modalidades arquitectónicas introducidas por los constructores lombardos y características por los resaltes exteriores en arcuaciones divididas por lesenas y arcos ciegos como único adorno de unas estructuras rigurosamente funcionales, quedó terminada el 15 de enero de 1032, cuando fue solemnemente consagrada al culto en un acontecimiento que reunió a los magnates de la época. Los nuevos altares revestidos con antipendios de orfebrería quedaban superados por el cenual dedicado a la Virgen, constituido por un entablamento de jaspe recubierto en su parte delantera con un antipendio de oro decorado con piedras preciosas y esmaltes y con dos antipendios de plata a los lados, el cual iba protegido por un baldaquín cuyas columnas y cubierta estaban revestidas con láminas de plata cincelada.

A la muerte del insigne abad, siguió pronto un período de perturbaciones, causadas por la intervención de las potestades seculares y la intromisión de abades simoníacos, a raíz del dominio que se arrogó el conde de Besalú sobre las comarcas del Ripollés, anexionándolas a su territorio a expensas del condado de Ausona. Los indicios de relajación fueron atajados por el piadoso Bernardo II, conde de Besalú, al someter el monasterio a la abadía de San Víctor de Marsella en 1070. Con el intercambio de personal, ampliándose los horizontes de extensión cultural, quedó preparado el nuevo período de auge que el monasterio logró en la primera mitad del siglo siguiente. No en vano coincide este reflorecimiento con la anexión definitiva al condado de Barcelona de los condados de Besalú, en 1111, y de Cerdanya, en 1117, bajo el gobierno de Raimundo Berenguer III el Grande y sobre todo de su hijo Raimundo Berenguer IV el Santo, cuyos dominios se extendieron desde la Provenza hasta las conquistas realizadas por ellos a expensas de los sarracenos, estableciendo la frontera definitiva con Aragón. Ambos príncipes se reintegraron al espíritu de la estirpe de sus antepasados fundadores del monasterio en el momento en que se cerraba el período condal, eligiendo su sepulcro al amparo de la plegaria monástica que había sido entonada desde los inicios de la reconquista.

Durante este período de esplendor que termina en 1169, cuando la abadía se desprende de la dependencia de San Víctor de Marsella, debió realizarse una cierta renovación en el aspecto arquitectónico de la basílica, con la sustitución de la cubierta en armaduras de madera, que cubría las cinco naves por bóvedas apoyadas sobre los muros existentes, pero sobre todo con la erección de la magnífica portada que constituye uno de los mojones más señalados en la significación de Ripoll.

Cerrado su mejor período histórico, el monasterio vive de su prestigio adquirido y, aunque la abadía aumente su preponderancia en los señoríos que se afianzan en sus extensos dominios, empalidece el brillo de su tradición cultural que ya no lo distingue de los demás cenobios benedictinos. La escasa documentación que se ha conservado sólo atestigua las constantes renovaciones que, según los tiempos, han debido introducirse en la adaptación de los edificios monásticos, entre las que destaca la sustitución de las dependencias primitivas dentro del ancho recinto amurallado, que empiezan a desaparecer ante la empresa de unos nuevos claustros. Esta obra, que ha dado por resultado los que se admiran en la actualidad, fue iniciada por el abad Raimundo de Berga (1172-1206) con la galería inmediata a la basílica en la que se puede ver su figura

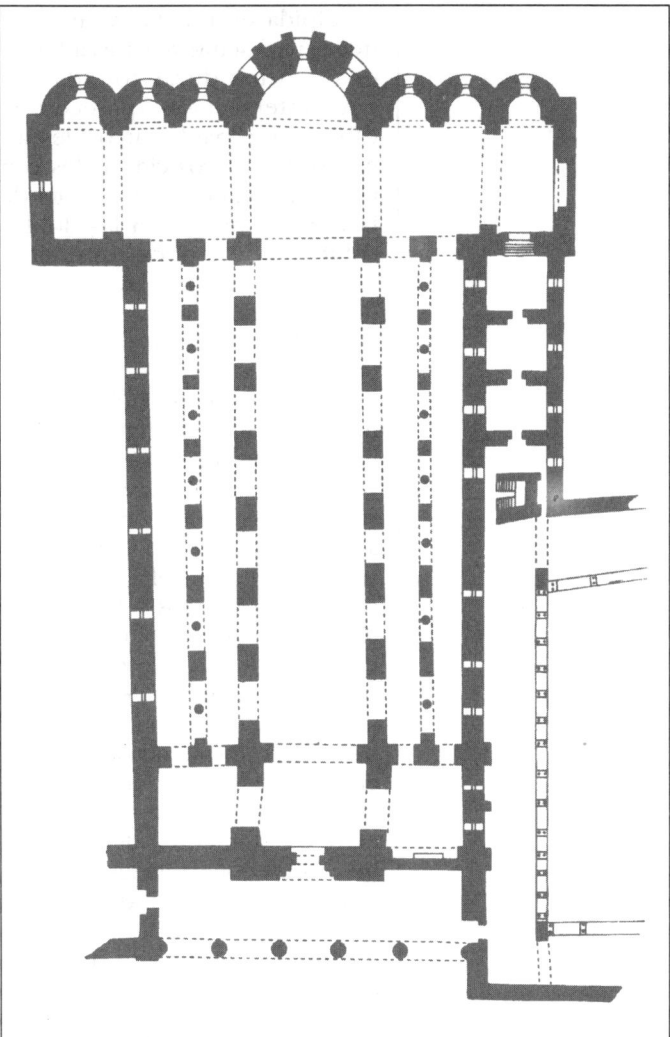

Planta del monasterio de Santa María.

esculpida en relieve. Consta de trece arcos semicirculares adornados con molduras foliadas en cuya intersección aparece una cabeza humana; los arcos descargan sobre ábacos cincelados con temas inspirados en los frisos de la portada que unen las dobles columnas de soporte. La riqueza y variedad de capiteles comprende el temario corriente, inspirado en marfiles y tejidos, en combinaciones foliadas con estilizaciones de cintas y representaciones zoomórficas, cabezas y figuras humanas y representaciones de ángeles. Esta única galería no fue proseguida hasta 1380 en que se le añadió una galería superior, reproduciendo de ella las proporciones de los arcos y la distribución de los elementos reducidos a una sola columna. En cambio, las otras tres galerías del claustro inferior no quedaron terminadas hasta 1401, inspirándose de cerca en el modelo de la única galería románica de la que se copiaron algunos elementos decorativos mezclados con capiteles de factura antigua, lo que induce a una impresión de mucha mayor antigüedad en el conjunto. La construcción de las restantes galerías del claustro superior no tuvo lugar hasta un siglo más tarde, siguiendo el modelo de la que corre al lado de la basílica.

A causa del calamitoso terremoto del 2 de febrero de 1428 se derrumbó la bóveda de la nave central junto con el cimborio y la cubierta del ábside mayor, quedando también medio derruida una de las torres, lo que obligó a levantar una nueva cubierta que fue realizada a la manera gótica, distribuyendo las bóvedas en varios tramos sobre arcuaciones de nervios unidos en lo alto por grandes claves esculpidas. Esta modificación señaló el principio de las que se sucedieron en diversos tiempos transformando el aspecto interior de la basílica. El camino estaba abierto hacia las innovaciones introducidas por la presencia de retablos, la multiplicación de altares y capillas y la obturación de los ábsides, con la desaparición definitiva del central que quedó absorbido por un espacioso camarín.

La historia del monasterio se diluye en las continuadas luchas sostenidas en defensa de la jurisdicción civil y en la ambicionada sustracción a la tutela diocesana; a partir de 1460 se inaugura la serie de abades comendatarios, cuya ausencia no favorece un mejor esplendor a su prestigio. La reforma introducida en 1597, al ser instituida la Congregación Claustral Tarraconense, devuelve el gobierno a los abades del país hasta la muerte del último, acaecida en 1845.

Las serias reparaciones que un monumento tan insigne exigía, después de los azares políticos que por primera vez alejaron a los monjes de su monasterio durante el trienio constitucional, lo hicieron víctima de las teorías neoclásicas cuando fue restaurado en 1830. Las cinco majestuosas naves fueron entonces reducidas a tres mediante la supresión de las dos hileras en que alternaban pilastras y columnas para subdividir las colaterales, transformándose el interior según el gusto de la época, con revestimientos y molduras de yeso. Esta mutilación en la base de la estructura de un conjunto arquitectónico que era un resultado de diversas épocas, fue la lejana causa de su derrumbamiento y ruina iniciados después del incendio del 9 de agosto de 1835, que acabó con la vida monástica del antiguo cenobio. Vaciados los tesoros del templo por el pillaje de los incendiarios y enajenados los edificios monacales por la desamortización, durante el abandono de tantos años que llegó a borrar las huellas del monasterio, no quedaron más que los claustros medio derruidos y la basílica, en la que se derrumbaron las bóvedas sobrepuestas, para acabar en una impresionante ruina en la que apenas se podía reconocer la importancia arquitectónica de un monumento de tanta categoría.

Los intentos de restauración apenas llegaron a consolidar lo mucho que se iba detruyendo, hasta que el obispo de Vic, José Morgades, obtuvo la cesión de las ruinas en 1885. El insigne prelado acometió la ardua empresa de devolver a Ripoll el monumento singular que su historia declaraba. El eco que su gesto halló en todos los resortes del país hizo posible la costosa restauración, encomendada al arquitecto Elías Rogent, quien se inspiró para ello en los mejores ejemplares de la arquitectura románica, a fin de hacer resurgir la basílica que entonces era apreciada como una obra íntegra del siglo XI. Las obras, realizadas en el espacio de siete años, dieron por resultado la reconstrucción integral que permanece en la actualidad, consagrada solemnemente y por última vez, el día 1 de julio de 1893. A la distancia de un milenio, transcurrido desde su fundación, Ripoll pudo reunir a todas las fuerzas representativas, como en sus mejores tiempos, al ser reintegrada al culto la basílica votiva dedicada a Santa María.

La honestidad reconstructiva, según los criterios que vivificaron el monumento en el concepto de la época, no salvó la variedad de matices comprendidos en su añeja estructura, algunos muy difíciles de ver en las ruinas entonces subsistentes a través de las modificaciones sufridas y otros todavía no apreciados en el mejor conocimiento posterior de su historia. El plan de uniformidad que se imprimió a toda la obra le ha quitado la emoción que causaría la basílica, con sus cinco naves de la. tercera construcción del siglo X cubiertas con armaduras de madera sobre los amplios ventanales que actualmente quedan ahogados bajo la carga de una bóveda híbrida; emoción aún más contrastada ante el majestuoso transepto realzado por los siete ábsides en la ampliación realizada por el abad Oliba en 1032, en el que falta la presencia de la cripta ya desaparecida en siglos anteriores que no fue puesta en valor, y asimismo ante el cuerpo de la parte delantera que alargó las naves formando la base de las dos torres con una de ellas rematada en forma arbitraria. Si bien fueron reconstruidos los claustros desprendidos de las dependencias monásticas desaparecidas, no han quedado en ellos las huellas dejadas por el panteón condal que albergó los despojos de los fundadores y de su línea descendiente de la casa de Cerdanya-Besalú hasta los dos últimos condes de Barcelona. En cambio ha permanecido la grandiosa portada que, a pesar de las mutilaciones sufridas y de las erosiones que corroen su superficie pétrea, atestigua el glorioso esplendor del monasterio en un compendio de su mejor obra artística.

Visita

En la carretera de Barcelona a Puigcerdá. El monasterio se encuentra en el centro de la villa.

El escritorio monástico

La supremacía adquirida por el monasterio de Ripoll durante el período condal no sólo se caracterizó por haber sido el aglutinante de la recomposición de la vida monástica y de la renovación del espíritu litúrgico del país, sino también porque en la intensa actividad de su obra fecunda pasó a ser indiscutiblemente uno de los centros de cultura con profundas irradiaciones. La escuela monástica desarrollada al lado de una nutrida biblioteca, siempre en aumento gracias al impulso de 105 abades, en torno a un escritorio de actividad extraordinaria que abarcó los volúmenes manuscritos más apreciados en todos los campos del saber, se distinguió por el brillo especial que emanaba del cruce de culturas distintas al fusionarse en una modalidad homogénea, tanto más relevante y de apreciar por cuanto se produjo en un siglo en el que las corrientes escondidas pugnaban por salir a la superficie de la civilización europea. Por un lado, la antigua corriente racial vitalizada por la contextura cristiana visigoda y reanimada por las influencias del resurgir carolingio; por otro, la nueva corriente que las escuelas arabistas habían alumbrado en el abandono de la cultura griega. En Ripoll se entrecruzan y mezclan, dando por resultado una incorporación de valores que permitió asociar el afianzamiento en el arraigo de las letras con el enfoque del cultivo de las ciencias.

La biblioteca de Ripoll es perfectamente conocida gracias a los inventarios que precisan el número de códices y las características de autores y materias reunidos en ellos, por la documentación litetaria que especifica la actividad de los monjes en la copia y producción de manuscritos y por los testimonios que señalan el interés de los abades en procurárselos aprovechando sus viajes y relaciones con otros centros de cultura. Cuando se conoce su contenido no maravilla que el monje de Aurillac, Gerberto, informado de su existencia por Attón, obispo de Vic y por Borrell, conde de Barcelona, al paso de éstos por su monasterio hacia el 967, acudiera a Ripoll donde pudo satisfacer sus ansias de saber ante el tesoro inaudito que le ofrecían los abundantes libros de artes con textos de Donato y Prisciano, de Cicerón, Macrobio y Boecio para estudios filosóficos y, sobre todo, los tratados de aritmética, geometría, astronomía y música, además del contacto que halló con los espíritus selectos del país, con quienes mantuvo intensas relaciones culturales desde los elevados puestos que escaló en su magisterio antes de que fuera elevado al solio pontificio con el nombre de Silvestre II, el papa del año mil.

Según apreciación de Beer, quien mejor ha estudiado la biblioteca de Ripoll, ninguna como ésta pudo presentar tan nutrido número de manuscritos en la Península Ibérica, si se exceptúa tal vez la de Toledo, aunque se carece de pruebas, pudiendo situarse en paridad de importancia con la que tuvieron en la misma época las bibliotecas de los grandes centros monásticos de Bobbio y de Saint-Gall. Formada con los primeros manuscritos litúrgicos entregados en el momento de la dedicación de la basílica de Ripoll el año 888, al cabo de un siglo podía registrarse la existencia de 66 manuscritos en el inventario tomado a la muerte del abad Witisclo en 979, para doblar el número hasta 121 después de morir su sucesor Seniofredo en 1008, cantidad doblada a 246 al ocurrir la defunción de su sucesor, el abad Oliba, en 1046. Semejante progreso da a comprender cuál debió ser la actividad del escritorio que, sobre todo bajo los dos últimos abades alcanzó tan extraordinario número de ejemplares, producción que corrió pareja con la adquisición de manuscritos y la confección de copias enviadas a otros lugares. El contenido principal abarcaba los textos indispensables al ejercicio del culto y a la vida ascética del monasterio con los libros litúrgicos, escriturísticos, tratados y comentarios de los padres de la Iglesia; las obras didácticas de formación gramatical y retórica, de dialéctica y filosofía; las compilaciones de preceptos y decretales, fuero juzgo e instituciones jurídicas; textos y explanaciones de historia y en especial de contenido científico en el arte musical y de los números en sus derivaciones a la aritmética y agrimensura; misceláneas, recopilaciones y ejercitaciones escolares. De los clásicos como Julio César, Plutarco, Juvenal, Terencio, Virgilio y Horacio a las figuras que más influyeron en el pensamiento de la edad media, como San Agustín, San Jerónimo y San Gregorio o los hispanos San Isidoro, San Ildefonso y San Fulgencio, la Biblioteca de Ripoll custodiaba una de las enciclopedias más adelantadas que la actividad de los copistas monásticos sabía mantener al día.

Ya desde los comienzos, se registra la copia de manuscritos hispanos procedentes de la famosa escuela de Toledo y de los otros centros monásticos que alboreaban en una cultura estancada en los reinos del Norte. El Pirineo, abierto hacia la corriente carolingia, atrae los materiales elaborados por ésta a través de la red de monasterios con los que Ripoll establece vínculos de relación. El camino de Roma abre la senda de Italia, de donde trajo manuscritos el abad Arnulfo en su viaje realizado en el 951. En su tiempo, el monje Juan compuso la copia de las Decretales, fechado en el 958, que pasó a la Biblioteca Episcopal de Le Puy. El escritorio adquiría el impulso de producción que no cejó durante un siglo, como atestigua el incremento progresivo de los manuscritos que llega a su apogeo con el abad Oliba, en un período de mayor amplitud en las relaciones monásticas a causa de la figura prócer del abad, quien mantiene tratos de amistad con Gauzlin, abad de Fleury, y con Sancho el Mayor de Navarra, y que, considerado como el patriarca del monacato y en su carácter de obispo de Vic, ejerce un primado especial en el país. En sus frecuentes viajes, rodeado de sus mejores monjes, no deja perder ocasión de procurarse nuevos textos que vienen a ser guardados en su escritorio o son copiados para otros, estimulando con ello la labor que a su vez imprime a los escritorios catedralicios de Vic y Gerona. Ripoll cuenta en este momento con una selección intelectual en la que destacan monjes como Segoino, promotor de trabajos, Guifredo, autor de un prólogo a las Homilías de San Gregorio, Pedro, que iba al alcance de un breviario musical, Arnaldo, escolástico compilador de preceptos y decretales, quizá jefe del escritorio, Oliba, homónimo del abad, erudito en poesía, música y ciencia, y Gualtero, colaborador de los dos últimos.

Con razón el biógrafo del abad Oliba, P. Albareda, ha precisado que de la educación literaria orientada por él derivaron tres corrientes de estudio. La de historiografía catalana, que en verso y prosa se emancipa de los áridos cronicones para llegar a modelos de historia narrativa basada en los documentos; la del cultivo de la poesía, bajo las huellas de los mejores autores conservados en la biblioteca y que produjo variedad de composiciones enalteciendo figuras históricas con alientos de poema; y la de hagiografía, suscitada por la veneración a las reliquias y por el manejo de obras y pasionarios que motivaron la floración de textos abundantes.

Menos estudiado es el aspecto del desarrollo artístico en la composición de los códices y en las manifestaciones de su parte ornamental y de las ilustraciones que calígrafos y miniaturistas fijaron en los folios. Entre los escasos manuscritos anteriores al siglo XII que, procedentes de la biblioteca de Ripoll, se conservan en el Archivo de la Corona de Aragón en Barcelona, no se halla ninguno de los que contuvieron miniaturas. Pero, con todo, éstos existieron y se elaboraron en el escritorio, donde los pacientes ilustradores prosiguieron el cultivo de una narrativa visual a líneas y colores como la podían ver en manuscritos adquiridos de procedencia diversa y sobre todo en los de las biblias hispanas y en los Apocalipsis del Beato. Prueba de ello es el Evangeliario que un año después de la muerte de Oliba era terminado en el escritorio, adornado con letras capitales y figuraciones iluminadas y pintadas y, sobre todo, la corriente artística que se desarrolla en el arte figurativo posterior con suma trascendencia en la pintura y escultura en torno a un área de influencia ripollesa inexplicable si no se contara con un fondo riquísimo de contenido en la tradición de una escuela.

Parte de este fondo viene revelado por dos ejemplares de la Biblia, uno de procedencia de la escuela de Ripoll que, erróneamente atribuido a Farfa, se conserva en la Biblioteca Vaticana (5729), y otro en la Biblioteca Nacional de París, procedente del monasterio de San Pedro de Roda (Lat. 6). Ambos coinciden en la estructura de la composición, en la tradición del texto y en el arte de sus abundantes miniaturas, de modo que la crítica ha podido fijar no sólo su procedencia hispana sino concretamente catalana, como obras salidas del escritorio de Ripoll en la confección del texto por los amanuenses y en la ilustración de sus folios por los miniaturistas. Su ascendencia artística, según Neuss, ha de ser buscada en un manuscrito ricamente ilustrado, de época visigoda, cuya copia fue conocida en Ripoll, si no se hallaba quizá entre uno de los tres ejemplares de la Biblia que se registran en el inventario del siglo XI. En él los monjes hallaron los modelos figurados que reprodujeron a principios de este siglo, seguramente bajo el abaciado de Oliba. Intervinieron diversas manos que, en el ejemplar de Roda, originalmente en un solo volumen y actualmente separado en cuatro, ofrece en los dos primeros las figuras diseñadas en negro y coloreadas de rojo, púrpura, anaranjado, ocre, azul y verde, con algunas superposiciones por transparencia, y en los dos últimos sin colorido; en el ejemplar de Ripoll sobre el contorno del dibujo

Conjunto de la portada oeste, vista desde el sur.

dominan los tonos blanco, verde, ocre, carmín, rosado y negro con superposiciones entre ellos. Las ilustraciones representativas se unen a las iniciales del texto o quedan en medio o al margen de éste, pero a menudo forman ciclos enteros que se desarrollan hasta llenar toda la página del folio, divididos en diversos registros a través de fajas horizontales. La estilística empleada, aunque pueda suponer modelos muy anteriores, no acusa el hieratismo de éstos y tiende a imprimir movimiento a las figuras; éstas se tratan con rasgos más simples y se caracterizan por cierto expre-

▶▶
Detalle del arco de la portada oeste: decoración vegetal y animal.

▼
Detalle del arco de la puerta, parte central: un ángel turificando.

sionismo de actitud y de acción que las anima en el dramatismo de los temas. La ilustración es más abundante en el ejemplar de Ripoll que no en el de Roda, desprovisto de miniaturas en el texto del Nuevo Testamento. Contiene ciclos completos en la parte histórica del Pentateuco y de los libros de los Reyes y de Ezequiel y Daniel, con interpretaciones

diversas de un mismo tema en ambos ejemplares, lo que prueba la libertad artística, más como un resultado de interpretación del texto, que no de copia servil de composiciones anteriores.

La realización de un conjunto tan notable confirma la actividad del escritorio en su sentido más completo, que permitió la colaboración de amanuenses, calígrafos y

◀◀
Detalle del arco de la portada oeste: san Pedro y san Juan curando al tullido de la Puerta Hermosa (abajo) y san Pedro resucitando a una mujer (arriba).

▼
Detalle del arco de la puerta del lado izquierdo: Abel ofreciendo a Dios las primicias de su rebaño.

miniaturistas en la producción de códices con destino a la biblioteca y al uso monástico, y para satisfacer los encargos hechos por otros monasterios, iglesias, eclesiásticos y próceres. Al mismo tiempo corrobora la existencia de una escuela de miniaturistas que corresponde a las manifestaciones de una producción artística que, en torno a Ripoll, se intensifica en los períodos siguientes a través de la pintura y de la escultura. La iconografía del pórtico, erigido en la basílica un siglo más tarde, coincide con los ciclos del temario de los libros del Éxodo y de los Reyes, que figuran en el ejemplar de la Biblia de Ripoll, repitiendo las mismas escenas en idénticas zonas de distribución y con semblanza de figuras como demostró Pijoan. De manera que si no fue aquel mismo, debió de ser otro ejemplar idéntico el que fue utilizado como modelo para los escultores que labraron los relieves de una de las más impresionantes obras de la escultura románica.

La escuela polifacética de Ripoll se mantuvo aún a través de la crisis producida después de la muerte de su máximo impulsor, el abad Oliba, cuando el monasterio, manejado por los condes de Besalú, conoció irregularidades simoníacas que motivaron la anexión a San Víctor de Marsella en 1070, con la consiguiente intromisión de monjes forasteros al espíritu de la casa. Había perdido su renombre anterior en el trasiego de valores culturales a medida que la civilización occidental se impuso dentro de la unidad monástica cluniacense; pero no en vano sus bases firmes de cultura tuvieron la perdurabilidad suficiente para conocer otros momentos de gran relieve, sobre todo al pasar el monasterio desde principios del siglo XII bajo la protección de la casa condal de Barcelona, período de ensanchamiento del país, que en Ripoll se tradujo en una nueva floración de valores los cuales, al hermanar las corrientes literarias e históricas, influyeron en la producción de su mejor obra artística.

La portada

La iglesia monástica de Ripoll tiene el ingreso solemne a través de una portada en la que se desarrolla un tupido temario iconográfico enmarcado profusamente de adornos. A la manera de un arco de triunfo, conserva el sentido de la estructura clásica, pero simplificada en los elementos constructivos bajo una nueva interpretación adecuada al lenguaje de la época y a sus signos de expresión. Arquitectónicamente, se resume en un estrecho zócalo sobre el que se levantan dos cuerpos; uno inferior, a cada lado de los montantes del arco central, limitado por columnas bajo la cornisa que discurre en prolongación de las impostas del arco; otro superior, delimitado también por dos columnas situadas a los extremos de la portada, con un friso superior en dientes de engranaje que lo separa del tercer cuerpo, que abarca el conjunto a manera de arquitrabe. La zona superior se presenta como un solo friso, que preside el conjunto de las otras seis zonas transversales que ocupan los paramentos de los cuerpos inferiores a uno y otro lado de las siete arcuaciones en degradación, apoyadas alternativamente sobre columnas y montantes achaflanados menos el que forma la puerta. Los elementos decorativos de enmarcamiento se reducen a las ligeras columnas y a las impostas que las reúnen como ábacos prolongados, adornándose con gran profusión de follajes y entrelazos que se desparraman también por las dovelas de las arquivoltas. Las zonas figurativas intermedias terminan en bordes lisos en los que se leían las inscripciones alusivas a los temas representados, casi desaparecidas en la actualidad a causa del deterioro que ha consumido la capa externa de la superficie de la piedra debido al incendio del monasterio en 1835 y a las inclemencias del tiempo que también han contribuido a mutilar gran parte de las figuras. La desaparición de la mayoría de las inscripciones hizo difícil la recta interpretación de las composiciones que, si bien fueron todavía un enigma hace un siglo, quedan perfectamente explicadas en la actualidad gracias a los estudios de Pellicer, Gudiol y Puig y Cadafalch, sobre todo después que Pijoan evidenció uno de los modelos del que se valieron los escultores en las páginas miniadas de una Biblia que ellos tuvieron a mano en el monasterio de Ripoll.

La composición de los arcos

La apertura de la puerta se desarrolla en el grueso del muro mediante siete semicírculos concéntricos en degradación, originados sobre la cornisa común que delimita la base de la portada, en prosecución de los montantes y columnas que los soportan. La arcada sobre las columnas externas consta de un simple festón de hojas de acanto vistas de frente. La segunda contiene veintiséis medallones formados por entrelazos vegetales con figuras de animales en el interior, salvo en el central que muestra el Agnus Dei con la cruz y en los inmediatos que se llenan con ángeles adoradores; se origina en unos montantes achaflanados que, al par que los de la sexta arcada, van decorados con relieves de figuras y animales, entre los que se mezclan los signos del Zodiaco. La tercera arcada remonta desde unos capiteles, cuyas columnas están sustituidas por las figuras exentas de San Pedro y San Pablo puestas sobre peanas adornadas respectivamente con entrelazos de leones y cuatro águilas venciendo al dragón. En su típica indumentaria de túnica y manto amoldada al cuerpo por los pliegues estilizados, San Pedro se distingue por la llave y el volumen y San Pablo por el rótulo que lleva abierto; la pérdida de sus cabezas no aminora la fuerza que emana de la posición estática de ambas. La arcada abocinada presenta ancha superficie en la que el mejor cincel de los escultores ha dejado su obra más cuidada al representar en seis relieves por cada parte escenas relativas a los dos apóstoles sobre San Pedro, la curación del tullido, la resurrección de la mujer Tabita, San Pedro ante Nerón, la caída de Simón el Mago, la detención del apóstol y su crucifixión; a continuación siguen las escenas referentes a San Pablo, su presentación a Ananías, la recepción del bautismo, su predicación a judíos y gentiles, el encarcelamiento, la decapitación y el verdugo con la cabeza en la mano, según declaran las inscripciones legibles que no se han deteriorado en esta parte. La cuarta arcada está simplemente formada por tres escocias ribeteadas, emergiendo de

Parte inferior izquierda de la portada: traslado del Arca de la Alianza; la ciudad de Jerusalén tocada por la peste y el profeta Gad ordenando a David ofrecer un holocausto a Dios.

▶▶
Detalle del espesor externo del portal del lado sur: combate de 2 jinetes.

Parte inferior izquierda de la portada: sueño de Salomón pidiendo la sabiduría; juicio de Salomón; Natán proclama rey a Salomón y pide a David que Salomón sea su sucesor.

los montantes achaflanados con adornos de serpentina con follajes. La quinta arcada se desarrolla en un robusto toro de magnífico efecto decorativo por el trenzado vegetal que lo reviste de hojas estilizadas armonizando con las columnas de soporte. La sexta arcada ofrece en su plano abocinado cinco escenas de la historia de Jonás, que se inician a partir de la sumidad del arco con la figura del profeta ante la mano de Dios, recibiendo la orden de dirigirse a Nínive, a la que siguen cuando es lanzado al mar y devorado por la ballena, el profeta vomitado por el cetáceo, la predicación a los ninivitas y la murmuración de Jonás bajo la hiedra. A estas escenas corresponden cinco más al otro lado, inspiradas en la historia de Daniel: el árbol frondoso soñado por Nabucodonosor, que se halla dormido a su sombra, el rey al lado de la estatua que obligó a adorar a sus súbditos, los músicos tañendo el arpa y la cítara, los sayones atizando el fuego del horno en el que arden los tres mancebos que rehusaron adorarla y, finalmente, el ángel llevando por los cabellos al profeta Habacuc en auxilio de Daniel, encerrado en el foso de los leones postrados a su lado. La séptima y última arcada que enmarca la puerta es de sección plana y se

adorna externamente con una pesada cinta plegada a ángulos. La clave del intradós contiene el medallón representando al Omnipotente sentado en trono y

con nimbo crucífero, en acto de bendecir y mostrar el libro de la ley, adorado por dos ángeles, uno a cada lado, que lo inciensan con el turíbolo; dentro de recuadros siguen Caín pretendiendo ofrecer los frutos de la tierra, en contraste con Abel que ofrenda el cordero y termina con el inocente asesinado por su hermano en una escena contrapuesta a la sepultura dada a su cadáver. En los montantes verticales, también divididos en recuadros, vienen figurados los meses del año, según la interpretación de las faenas agrícolas del campo, distribuidas seis a cada lado. El calendario arranca desde enero en la parte inferior de la derecha, figurado en el leñador que hace acopio de combustible para el hogar; un hombre y una mujer elaborando el queso significan febrero; la alegoría de marzo está en el hombre que escarba la tierra bajo el primer brote de los árboles en los que se posa el pájaro; alude a abril el campesino que contempla el trigo que crece en su campo a la sombra del árbol florido donde pace su ganado; mayo viene con la fruta primeriza que un hombre recoge con dos jovencitas; junio con la siega de las mieses. En lo alto del otro lado prosigue la alegoría de julio, con el hombre que carga la gavilla sobre sus hombros ayudado por su mujer; la de agosto con dos hombres que enarcan la cuba para la vendimia; en la de septiembre figura la recolección de la uva efectuada por un hombre y una mujer; la de octubre con el pastor que suena el cuerno para reunir la piara que se alimenta de

Parte inferior izquierda de la portada: glorificación de Cristo bajo el rostro de David colocado entre músicos.

bellotas; la de noviembre con la matanza del cerdo, que sigue a la mujer que lo atrae para recibir el mazazo de muerte, y finalmente la de diciembre, con los esposos frente al hogar, con los jamones pendientes del techo. Fuera de estas escenas inspiradas en la vida real, las fuentes de inspiración de los demás temas radican en la iconografía típica de los ciclos de Jonás y Daniel, tan largamente representados desde la formación del arte cristiano, y en los de Caín y Abel, consagrados por el sentido sacrificial litúrgico, a los que se añaden los elaborados por la hagiografía de los príncipes de los apóstoles, en los elementos de composición consagrados por un uso tradicional cuyos tipos podían ser sobradamente conocidos. Su adopción en el relieve escultórico condicionado por las arcadas se ordena a la llamada de los hombres en el tiempo por la senda de la Iglesia, a fin de conducirlos al sacrificio del culto para llegar a Dios.

El otro ciclo bíblico ocupa las dos zonas correlativas del otro lado, pero lleva un orden diverso, empezando en la zona inferior a partir del plafón lateral del pórtico. Las escenas se inspiran en el libro de Samuel a partir de la que figura la traslación del Arca de la Alianza a la ciudad de Jerusalén (II S, 6), tema no representado en las miniaturas de la Biblia de Ripoll, que pudo sacar de otras figuraciones ilustradas. El escultor lo ha iniciado en el recuadro lateral, donde se ven tres personajes con túnica, dos de ellos tañendo el rabel y otro el arpa bajo el gesto de un cuarto que aparece como el director. A continuación sigue el traslado del Arca, en forma de cofre con cubierta a dos vertientes, puesta sobre un carro tirado por dos bueyes ante un personaje tocando un cuerno que pone su mano derecha sobre el Arca, aludiendo así al suceso de Uzzá que creyendo que el Arca se iba a caer la sostuvo poniendo la mano en ella y muriendo instantáneamente en castigo por usurpar una función propia de los levitas. Este episodio, ocurrido en el traslado desde la casa de Aminadab a la de Obededom, queda incluido en un sola composición, fundido con el traslado desde la casa de este último a Jerusalén, en relación con el júbilo de David, que vestido sólo con un efod de lino danza de gozo ante el Arca, siendo visto por su esposa Mikal que sale a la ventana alta de una casa con puerta de arco geminado. La composición se completa en el grupo siguiente formado por siete músicos tocando cuernos y danzando delante del rey, en representación de los siete coros del relato bíblico. El escultor copió otra vez las miniaturas de la Biblia a partir de la escena siguiente, que representa a la ciudad de Jerusalén apestada (II S, 24, 15-17) en castigo infligido por Dios a David por la vanagloria de haber realizado el recuento del pueblo de Israel: las torres altas de la ciudad se elevan sobre la muralla almenada, asomando las cabezas de los apestados y viéndose cuatro cadáveres de víctimas en el pórtico mientras el ángel detiene la espada ante la compunción del rey que, a su lado, con la mano sobre el pecho, reclama el castigo para sí. La relación se completa en la escena siguiente, en la que el rey está sentado y en gesto de contrición ante el profeta Gad, nimbado, con veste talar y volumen en mano, ordenando a David que adquiera la era de Areuna donde se le apareció el ángel y erija en ella un altar al Señor; asisten a la escena cinco soldados cabizbajos y sin yelmo, con su rodelas y lanzas, vestidos con simple túnica de tela. El ciclo prosigue inmediatamente en la zona superior con la representación de Betsabé, postrada a los pies del anciano rey, reclamándole el trono para su hijo Salomón (I R, 1, 13-31); a su lado está el profeta Natán con nimbo y libro, interviniendo en la decisión del rey que está sentado en trono almohadillado ciñendo corona y con largo cetro en mano, sostenido en su vejez por la sunanita Abisag, vestida con velo y toca. La entronización de Salomón (I R, 1, 32-40) ocupa el relieve siguiente, figurada en el momento en que Sadoq le ungió por rey y al mismo tiempo cuando el ungido, cabalgando la mula preferida por su padre, es reclamado por el pueblo. Sigue la escena del juicio de Salomón (I R, 3, 16-28), quien, sentado en rico trono, está en ademán de pronunciar la sentencia que un soldado se dispone a ejecutar ante las dos madres postradas levantando los cuerpos de los hijos disputados. Como en las miniaturas de la Biblia, el escultor ha antepuesto esta escena a la del sueño del rey pidiendo a Dios la sabiduría (I R, 3, 4-15).

Salomón está tendido y cubierto por la sábana amoldada a su cuerpo terminada en pliegues ondeantes; tiene encima una aureola almendrada sostenida por dos ángeles dentro de la que aparece el Señor en el solio de su majestad con nimbo crucífero, bendiciendo con la diestra y llevando el libro de la ley. La composición contiene en germen los elementos esenciales que se fijarán en la iconografía de la representación del árbol de Jesé, para expresar el fruto de bendición prometido a la descendencia real de David y Salomón en las profecías referentes a Jesucristo. El último recuadro, situado ya al lado del pórtico, se llena, como en la página miniada de la Biblia, con la escena del rapto de Elías (II R,2,11), en la que el escultor ha eliminado los profetas y discípulos a fin de ceñirse al espacio, con la sola figura de Elías arrebatado en el carro de fuego hacia las nubes, mientras Eliseo tiene tiempo de asirle el manto que queda en sus manos.

Debajo de estas zonas tupidas de figuras, se extiende la base de la portada dividida en dos registros y adornada con relieves de mayor tamaño. En el registro superior van cinco figuras por parte, cada una de ellas colocada dentro de un pórtico con arcos de medio punto, ligeramente moldurados con pequeños florones y cintas plegadas en ángulo sobre sutiles columnas dobles. A la izquierda, debajo de las escenas del libro de Samuel y de los Reyes, se reconoce a David sentado en trono almohadillado sobre cortinaje de fondo, sosteniendo el cetro y el libro, vestido con túnica y manto abrochado sobre el hombro derecho y cubierto con un casquete cónico sobre corona de cuatro florones. A sus lados están los personajes músicos, con túnicas cortas hasta la rodilla, tocando el violín, tañendo el címbalo, soplando el cuerno y sonando la sibinga, como una ilustración del salmo 150, en que el real profeta invita a todos los pueblos a la alabanza de Dios con instrumentos músicos. Esto queda íntimamente relacionado con las escenas del ciclo de encima, destinado a la glorificación del Señor en la constitución religiosa del pueblo de Israel, significado por el traslado del Arca y a través de la regia estirpe de David y Salomón, en que se llega al cumplimiento mesiánico en Cristo. De manera que aquí la representación de David entre músicos es motivada por el hecho de ser este rey una prefiguración del mismo Cristo, a quien van dirigidos los cánticos y alabanzas. En la zona correlativa del otro lado destaca la figura del Señor con nimbo crucífero envuelto en rico manto sobre túnica, con el rótulo desplegado en la mano y bendiciendo a los personajes que se dirigen hacia él. El primero, vestido con túnica y manto, está en actitud de recibir algo en sus manos veladas; el segundo viste túnica corta y manto abierto sobre el lazo izquierdo, con la mano prendida de las cintas del broche y la derecha sobre el pecho; el tercero reviste indumentos pontificales, báculo, libro y mitra, con la casulla ricamente orlada y con tira central rematada en tres cascabeles; el último en hábito de caballero, túnica corta ricamente adornada, manto garboso a manera de clámide que cubriría con caparacete su desaparecida cabeza, y sostiene un libro en su mano derecha, mientras que con la izquierda indica hacia el Señor. La corrosión de las inscripciones que darían el nombre de estos personajes, como la que figuraría en el rótulo del Señor, ha sido causa de muy diversas interpretaciones. Pero si se tiene en cuenta la trabazón existente entre las escenas, basta seguir el relato del Exodo, que queda parado encima después de la batalla de Rafidim, para que siendo cierta la figura del Señor y la segunda y tercera iguales a las de Moisés y Aarón, sea posible reconocer la entrega de la ley a Moisés, que la recibe a la manera tradicional con las manos veladas. En tal caso las figuras del obispo y del guerrero no serían más que un trasunto de la prefiguración mosaica en la ley cristiana del pueblo que, por sus conquistas del país al poder enemigo de Cristo, reconoce a sus caudillos en la iglesia representada por el obispo y en el poder civil por el príncipe.

La composición del frontispicio

El friso superior se destaca en lo alto de la portada por un límite

El Cristo de gloria.

de dentellones que corren bajo un toro decorado de entrelazos formando su base. Lo remata superiormente una reducida cornisa achaflanada, que se arquea en el centro y se adorna con una cinta plegada en ángulos, sostenida por dieciocho pequeñas ménsulas con cabezas y figuras de animales, espaciando los intermedios un motivo floral estilizado. El Señor, en su posición mayestática, sentado en trono almohadillado con montantes en dibujo de espiral bendice con la diestra y sostiene el libro de la ley. El disco crucífero nimba su cabeza de cabello partido y de rizadas barbas, túnica y manto de ricas orlas se amoldan a su figura cayendo

Detalle del portal en su parte posterior derecha: el toro de san Lucas.

en abundantes pliegues. A cada lado un ángel desciende de una nube y otro se postra en adoración. La visión apocalíptica se completa con el Tetramorfos; el ángel simbólico de San Mateo de pie, a la derecha, con el rótulo abierto a la derecha y el águila de San Juan sosteniendo en sus garras el volumen del evangelio; los otros dos símbolos aparecen en la zona inferior sobre el arco en figuras de grandes animales: el león de San Marcos y el toro de San Lucas, con sus respectivos volúmenes y dándose la espalda, de modo que el artista tuvo que imprimirles una contorsión de cabeza para hacerles mirar hacia el centro de lo alto, con lo que obtuvo un centramiento visual de las dos zonas superiores como remate armónico del arco. Aclaran la visión los veinticuatro ancianos del Apocalipsis, que discurren en hilera vestidos con corona, túnica y manto de pliegues flotantes, en una ondulación de ritmo que traduce la exultación de júbilo de las cítaras que agitan en su mano, mientras en la otra ofrecen el cáliz misterioso.

En el registro inferior, el león de San Marcos y el toro de San Lucas unen a la visión celeste las hileras de bienaventurados que, en número de veintidós, se dirigen hacia el centro con las cabezas levantadas hacia la visión del Señor. El mismo ritmo de movimiento que anima a los ancianos realza sus figuras nimbadas bajo túnicas y mantos de pliegues acusados, aunque se hallen en posición más estática, mostrando los rótulos abiertos. De éstos han desaparecido las inscripciones que darían el nombre de los personajes, ciertamente los apóstoles, como se deduce por la sierra, instrumento martirial de San Simeón, en la tercera figura del lado derecho y cómo se aclara por otros instrumentos que han desaparecido a causa de la mala conservación de la piedra. A los doce, con la sustitución de Judas por San Matías y con la añadidura de San Bernabé, se juntan San Juan Bautista y el profeta Isaías en los extremos laterales, completándose el número de beatos con las figuras que Mn. Gudiol estimó de siete santas reconocibles por las tocas que cubren sus cabezas, repartidas en grupos de tres a un lado y cuatro al otro entre los apóstoles, e identificables seguramente en las santas invocadas en el canon de la misa.

En las dos zonas inferiores se desarrollan dos ciclos distintos, uno a cada lado del arranque de los arcos de la puerta. En ellos los escultores se han valido de los temas figurados en las miniaturas de la Biblia de Ripoll, referentes a los libros del Exodo, en el folio 1 y de Samuel, en el folio 95.

El ciclo de la derecha de quien los contempla corresponde al primero y empieza en el registro superior de la parte lateral del pórtico con una alusión abreviada al paso del mar Rojo en el reducido espacio disponible, con la figura de Moisés levantando la vara y la de un hombre y una mujer en representación del pueblo que pasó a pie enjuto bajo la protección de la mano de Dios que se manifiesta bendiciendo desde lo alto. Prosiguen en la parte frontal las escenas en que el escultor, inspirado en las miniaturas, después de haber prescindido del tema del pueblo en el cántico del triunfo por haber pasado el mar Rojo, y aun de las escenas de las aguas amargas halladas en Masa y de las fuentes bajo las palmeras de Elim, pasó directamente a copiar las composiciones de la zona intermedia del folio de la Biblia, y con ello desordenó el relato histórico en la piedra, que queda, pues, invertido en las escenas de la lluvia del maná, de la lluvia de codornices y de la promesa de estos prodigios en el desierto de Sinaí. Empezando por este tema (Ex. 16, 10-14), igual que en la miniatura, incluso en el nimbo de círculos concéntricos que aureola la cabeza de Moisés, están las figuras del caudillo de Israel con túnica y manto y de Aarón con túnica corta, respondiendo a las murmuraciones del pueblo, representado por seis personajes con una mujer entre ellos, en actitud de increpación, con los brazos levantados y apaciguándolo ante la promesa de la asistencia divina en su sustento, como mostrándoles la columna de fuego a cuyo lado asoma la cabeza del ángel entre dos alas. Sigue la escena de la lluvia de codornices, que un grupo de seis figuras va recogiendo a medida que el viento, personificado en el soplo de Eolo, las derriba de las nubes, en una composición similar a la siguiente escena en la que el mismo número de personajes está al acecho de las escudillas puestas en el suelo a fin de recoger el maná que cae de las nubes. Al extremo opuesto de la misma zona prosigue el relato con la escena de la roca de Horeb (Ex. 17, 1-7): Moisés asistido por Aarón percute la roca con la vara y brota la fuente ante la admiración del pueblo, figurado en un grupo de catorce personas entre las que hay una mujer. Bajando a la zona inferior desde este mismo punto se desarrolla en toda su extensión la batalla de Josué, vencedor de Amalec en Rafidim (Ex. 17, 6-12). En un primer momento está Moisés entre Aarón y Hur que le sostienen en brazos, mientras al lado se libra la lucha que el escultor ha distribuido en un primer grupo de cuatro soldados armados de espadas y lanzas, yelmo y escudo redondo, con un enemigo derribado a sus pies y en un segundo grupo de cuatro jinetes que arremeten contra cuatro enemigos también a caballo, con un soldado caído a los pies de las cabalgaduras que, desaparecido, ha dejado en la piedra sólo uno de sus pies. Los jinetes visten como los soldados, diferenciándose de los enemigos por el escudo puntiagudo con que éstos se defienden. Con este choque de caballería el escultor se aparta de la miniatura y, si no se valió de otra que le ofreciera el tema, supo disponer de un encuentro que impresiona en el movimiento figurativo del pórtico, y se complació en ello por cuanto al doblar la esquina se amparó del recuadro lateral para llenarlo con dos jinetes que, en sentido contrario a los anteriores, marchan paralelos mientras uno alancea al otro derribándolo del caballo.

El registro inferior de la base, ornado superiormente por grecas e inferiormente por un toro con incisiones helicoidales, contiene figuras de animales que, en el centro, adquieren el valor de figuras casi exentas. Ha pasado desapercibido su significado, que ilustra las dos visiones pre-apocalípticas de Daniel que motivan el sentido de la ordenación gráfica de la portada. El plafón de la derecha, con la representación de cuatro animales, alude a la primera visión (Dn. 7), que expone la aparición de las cuatro bestias y su juicio ante el solio del Señor rodeado de los santos, quien adjudica a Cristo el reino glorioso y eterno, una vez condenados los réprobos figurados en los medallones del zócalo. Complemento pues, de la visión apocalíptica representada en la zona más alta de la portada y también de las intermedias, en las que la asistencia divina al pueblo escogido en el triunfo de los enemigos para alcanzar la tierra de promisión, es una prefiguración del reino mesiánico. El plafón de la izquierda, con la representación del choque entre dos bestias, alude a la segunda visión (Dn. 8), que describe la lucha entre el carnero y el macho cabrío que, vencedor, desafía a Dios, profanando el lugar del sacrificio expiatorio, con el ángel en forma humana que declara la visión al profeta y le da a ver el príncipe cruel en el jinete a caballo, figura del Anticristo. Ampliación de la visión anterior, bajo el solio eterno, y base de las escenas escogidas en las zonas superiores en las que el triunfo del Arca rescatada y la erección del altar se centran en el linaje de David y de Salomón, del que Cristo tomará su descendencia para establecer el reino espiritual en el mundo. El zócalo de la portada se adorna en esta parte con dos serpentinas entrelazadas dando medallones con figuras de animales fantásticos, grifos y leones, al igual que los que se representan en otros frisos de la misma portada y que prosiguen decorando el costado lateral en los ovales formados por los entrelazos Pero, en cambio, en el zócalo de la otra parte, la ornamentación se resuelve en cinco medallones con escenas de los tormentos de los réprobos en complemento de la visión de Daniel, prosiguiendo en el medallón inferior del costado por debajo de los otros cuatro medallones en los que, por orden ascendente, se desarrolla la parábola de Epulón con las escenas de Lázaro acosado por los perros, el rico en la mesa de su festín, Epulón en el lugar del tormento y Lázaro acogido en el seno de Abraham.

El significado

El ritmo ordenador que ha presidido la distribución de los temas ha seleccionado diversamente la iconografía que se desarrolla en las siete zonas del frontispicio, de las que se alojan en los siete arcos que enmarcan la puerta. Los temas, más variados en estos últimos e independientes entre sí, no responden a la perfecta trabazón de unidad que, en cambio, coordina las figuraciones bíblicas desparramadas en las zonas frontales bajo un concepto deliberadamente buscado y sabiamente elaborado. En apariencia parecería que sólo se ha procurado explanar escenas sacadas de los libros del Exodo, de Samuel y de los Reyes, con otras derivadas del Apocalipsis, sin más guía que la distribución artística en el feliz resultado del equilibrio de las composiciones dentro de la superficie total, pero en realidad, a medida que se profundiza analizando los aspectos que dicha distribución ofrece en el concepto de ordenación, de selección de temas, en su contenido y relaciones mutuas, se hace notar la existencia de un criterio determinado y de un ideador hábil que seleccionó asuntos específicos según un plan que no en vano ha armonizado un sentido profético e histórico de la Biblia con ideas más concretas que las de querer presentar simplemente el cielo de la divinidad y el mundo de la humanidad en lo que tienen de aleccionamiento en su trascendencia religiosa. El ideador de la portada ha englobado toda la parte figurativa del frontispicio bajo la idea dominante de la visión apocalíptica de la majestad del Señor rodeado por el Tetramorfos y aclamado por los ancianos en el friso superior bajo la sugerencia de las dos visiones de Daniel que se producen en la base, para elegir entonces las escenas históricas que entrando en el orden de ideas de una y otra visión conducen a la glorificación divina. La clave ideológica radica en esta íntima relación que lo profético de Daniel tiene con la visión de San Juan y motiva la selección de un temario cuyas prefiguraciones la sitúan en el centro de la realidad eterna. Las abundantes miniaturas de la Biblia de Ripoll, que proporcionaban otros ciclos más corrientes y en uso, muestran el interés que hubo en escoger sólo dos de sus páginas, con ciclos sacados uno del libro del Exodo y otro del libro de Samuel, en justa correspondencia con la plasmación figurativa que se deseaba expresar. Con este concepto primordial en la expresión gráfica tomada de la historia de Israel en el pueblo que, sacado de la esclavitud, es conducido por la Providencia a la posesión de la tierra prometida, pudo intentarse el reflejo de la reconquista empujada por el conde Raimundo Berenguer III y terminada en los límites del Cinca por su hijo Raimundo Berenguer IV, con una incorporación al reino mesiánico una vez vencidos sus enemigos en la lucha contra los sarracenos. Por otro lado, la exultación de los valores sagrados, en las escenas del traslado del Arca y de la estirpe real de David en la prefiguración del reino espiritual de Cristo, ampliaría y completaría la misma incorporación a este reino de un pueblo que ha alcanzado su plenitud bajo el signo del triunfo del Señor al fin de una lucha secular.

La escuela histórica de Ripoll, en el momento álgido en que compila las *Gesta Comitum* y que glorifica a ambos condes al unísono de la escuela poética, al recibir sus despojos mortales en los claustros, vive intensamente las hazañas de los próceres que cierran el período condal abierto más de tres siglos antes por Wifredo, fundador del monasterio. De ella se hace eco la cultura monástica impregnada de teología bíblica al culminar en la erección monumental de la portada en la que se perpetúa el espíritu de un pueblo en el arco triunfal de la reconquista.

La fecha

La creencia de que la basílica de Ripoll era obra íntegra de Oliba, hizo atribuir a este abad la construcción de la portada. La idea ha sido compartida incluso por Pijoan, ante la identidad de los temas de los relieves con las miniaturas de la Biblia. Pero, a pesar de que esto pueda darle un carácter más arcaico especialmente en el frontispicio, el examen minucioso de la escultura en sus características más acusadas de línea y composición, en la manera de estilizar los pliegues, en la indumentaria que reviste las figuras, en el uso de adornos y técnica de las armas, fija su realización como obra de la mitad del siglo XII. Los relieves del sarcófago de Raimundo Berenguer III, labrado se ignora cuánto tiempo después de su muerte, acaecida en 1131, denotan el momento en que puede señalarse la presencia de unos escultores que debieron emprender la portada en tiempos de Raimundo Berenguer IV, quizá a raíz de las últimas conquistas de Lérida y Tortosa en 1149 que motivarían el plan iconográfico de su composición.

El valor artístico

El pórtico se produce en uno de los períodos en que la escultura adquiere su expresividad eficiente, situándose en la categoría de una obra maestra. La tradición de los talleres rosselloneses penetra en la zona de la arquitectura desnuda, para situar en Ripoll un movimiento escultórico que irradia a buena parte del país central con una técnica que obedece a la disciplina impuesta por la acusada personalidad de un maestro o de un grupo que la aplica rigurosamente. La misma unidad formal que preside la selección de los temas vibra al unísono con una uniformidad interpretativa y se compenetra con ella al elaborar con riqueza de matices las fórmulas de los elementos de composición, extrayendo aún de los planos miniados que le sirven de modelo los valores plásticos que pone al servicio de la acción y del movimiento. No se arredra ante el alto relieve y casi llega a la figura exenta que predomina en los grandes frisos, en los animales de la base y en las representaciones de San Pedro y San Pablo. El cuidado detalle de los adornos y de los pliegues de las vestiduras resalta en contraste con el planchado de los ropajes, apenas ponderables bajo las ondulaciones curvilíneas que moldean el contenido corpóreo de las figuras. El deterioro sufrido en la mayor parte de la portada impide apreciar los matices que el cincel supo imprimir en la superficie actualmente corroída y que se admira todavía en los puntos en que no se ha alterado.

Dimensiones

Anchura total de la portada	11,60 m.
Espesor de la portada	1,00 m.
Altura total de la portada	7,65 m.
Altura del zócalo	0,72 m.
Anchura de las partes situadas a cada lado de la puerta central	2,90 m.
Altura de la base desde el suelo a los registros superiores (zócalos; 0,72 + 0,90 segundo registro + 1,28 tercer registro)	2,90 m.
Altura de cada uno de los tres registros superiores (dos a 0,90 + 1,10)	2,90 m.
Altura del friso superior	1,45 m.
Anchura de la puerta central	5,80 m.
Altura de la puerta central	5,80 m.
Anchura de la puerta central, en el interior, hacia la nave de la iglesia	2,54 m.
Altura de la puerta central, en el interior, hacia la nave de la iglesia	4,15 m.

CAMPDEVÀNOL

Paquita
Ctra. Solsona, 45
73 00 05
Mas Coromines
Afores
73 02 52
Mas Serradell
Masía Serradell
73 09 50
Casa Tor (1915)
3.º domingo septiembre
Sant Joan (24 junio)
Gala de Campdevànol
(17-18 septiembre)

En 1939 desapareció la iglesia junto con los fragmentos decorativos, de los cuales se conserva una copia. Era una construcción rectangular prerrománica con cubierta de madera. Al construirse la bóveda, en el siglo XII, se doblaron los muros quedando emparedado en uno de ellos la decoración, de unos cinco metros de largo por dos de alto. La franja central historiada estaba flanqueada por una cenefa de cruces aspadas. Se reconocía en ellas las figuras de Adán y Eva a cada lado del árbol cubierto simétricamente de hojas y frutos. Al lado de Adán había un ángel e inmediatamente una escena con otro ángel y dos personajes. La composición presentaba un aire muy primitivo con las figuras de frente y los pies de perfil. El trazado era de pincelada en rojo sobre campo de color ocre terroso, con retoques de azul y ocre brillante sobre un revoque rústico.

SANT JOAN DE LES ABADESSES

Monasterio de benedictinas desde el 885 hasta 1017. Sant Joan, durante el siglo XI se transformó en una residencia canónica que fue ocupada temporalmente por los monjes de San Víctor de Marsella (1083-1090) y (1098-1111), y se sujetó definitivamente a San Rufo de Avignon en 1114. La iglesia fue consagrada en 1150 Se adoptó para su construcción un plan exótico para el país, inspirado en los grandes monasterios franceses Se redujeron las naves a una sola, coronada por un amplio transepto, con un absidiolo en cada brazo, flanqueando el santuario, formado por un deambulatorio y tres capillas radiales con ábside. La cubierta de bóveda de cañón, que arranca de una simple moldura, invadió el ámbito del santuario sobre cuatro macizos pilares, cando éste debió ser reconstruido a causa del terremoto de 1428 que derribó la girola. Los tres ábsides de ésta están decorados interiormente con arcuaciones sobre columnas que se sobreponen en dos zonas en el ábside central. Los lienzos de pared que separan los ábsides, se abren en pequeñas ventanas. Los dos absidiolos del crucero van decorados con arcos sobre pilastras. Debemos señalar la temática de los capiteles. Se inspiran en marfiles y tejidos orientales; motivos de elefantes y representaciones de la fábula de la zorra y la cigüeña, etc. El exterior del edificio está decorado con un friso de arcuaciones ciegas bajo dientes de sierra en los frontones y de una cornisa de ménsulas en los demás muros. Solamente el ábside central está enriquecido con columnas. Son simples los portales abiertos, uno al pie de la nave, y los demás que comunicaban con sendos claustros, uno a cada lado del crucero. De los claustros sólo quedan algunos elementos del que se levantó en esta época en el lado septentrional, sustituido por el claustro actual del siglo XV. En la iglesia se venera un impresionante grupo escultórico del Descendimiento de la Cruz, fechado en 1250.

Planta de la iglesia del monasterio.

E**

📷 Pont Vell (s. XV)
📷 Palacio abacial (gótico)
✚ 2.º domingo septiembre
🛡 Sant Isidre (15 mayo)
🛡 Sant Antoni (13 junio)

CAMPRODON
SANT PERE

Tuvo carácter parroquial la iglesia dedicada a San Pedro, en el 904. Pronto fue permutada entre el obispo de Gerona y el conde de Besalú, a cambio de algunos alodios. El conde llevaba la intención de establecer allí un monasterio, la fundación del cual fue aprobada en el 952 por un precepto de Luis IV d'Outre-Mer. Unido al de Moissac, en 1078, permitió la renovación total del edificio que fue consagrado en 1169. El plan recibió las influencias de las innovaciones introducidas por el Císter. Es de cruz latina con ábsides poligonales; el central tiene la misma anchura de la nave, los ábsides restantes se hallan colocados dos a cada lado de los brazos del crucero. La bóveda de cañón apuntado des-

E**
H**** Edelweiss
✉ Ctra. Sant Joan, 26
☎ 74 09 13
H** Güell
✉ Pl. D'Espanya, 8
☎ 74 00 11
H** Rigat
✉ Pl. del Dr. Robert, s/n
☎ 74 00 13
H** Sant Roc
✉ Pl. del Carme, 4-5
☎ 74 01 19

3.ª Els Solans
Ctra. de Mollò, 3
13 00 99
Mas la Farga
13 02 93
Pont Nou
Santa Maria (gótico)
Convento del Carme (gót.)
Cinema Rigart (modernista)
Font Nova
En los alrededores se conservan numerosas iglesias y ermitas románicas

cansa sobre arcos torales. En el crucero se levanta la cúpula sobre trompas que toman la forma de venera rudimentaria. Exteriormente queda revestida por el cimborrio octogonal rematado por una cornisa de ménsulas. Encima se levanta el campanario de dos pisos. La obra es de una gran austeridad que no rompe el portal de columnas, que estaba protegido por un atrio cubierto de madera. Consta que el claustro, ya en ruinas en 1460, era de simples arcos descansando sobre pilares cuadrados.

LLANARS
SANT ESTEVE

E**
Grèvol H****
Ctra. Camprodon-Setcases
74 10 13
L'Escon R
Conflent, s/n
74 03 67

Último domingo septiembre

La Roca △ E*

Fue consagrada en 1168 la iglesia parroquial de Sant Esteve, construida con un cierto aire de expresión ornamental. Es de una sola nave rematada con un ábside y cubierta con bóveda de cañón apuntada. Los muros exteriores están ornamentados con un friso de dientes de sierra sobre una hilera de piedra sostenida por ménsulas, que recorre todo el perímetro exterior, incluido el ábside. Ha desaparecido el pórtico que cobijaba el portal adintelado y flanqueado por columnas. Es la única iglesia que conserva todavía el frontal de altar en su lugar de origen. El Pantocrator está representado dentro de la mandorla rodeado por los símbolos de los Evangelistas. En los compartimentos sobre fondo de floraciones en relieve de estuco, sobresalen las representaciones de la vida de San Esteban: la elección del Diácono entre cuatro apóstoles; la lapidación ejecutada por cuatro verdugos, en presencia del que será San Pablo, quien les atiza a la acción; la aparición de Gamaliel al presbítero Luciano, indicándole el lugar de la tumba del mártir, y la invención del cuerpo de San Esteban hecha por Juan, obispo de Jerusalén, seguido de un clérigo, en presencia de dos personajes. Un motivo geométrico de rombos dentro de círculos decora el marco. La obra acusa un trazado próximo al del frontal de Dosmunts, cuyo parentesco se inscribe dentro de la influencia de las miniaturas.

VILALLONGA DE TER
SANT MARTÍ

E*
Giralt P**
Del Pou, s/n
74 04 07
1.ª Conca de Ter △
Ctra. de Setcases, Km. 5,4
74 06 29

Iglesia de una sola nave con crucero y tres ábsides de planta, nada común en las obras del condado de Besalú durante el siglo XII. Ha desaparecido uno de los absidiolos, que debía ser liso en el exterior, como el que resta todavía en la parte del Evangelio. Un friso de arcuaciones sobre ménsulas, recorre el perímetro del ábside central.

MOLLÓ
SANTA CECÍLIA

Antigua posesión de Ripoll dedicada a Santa Cecilia. La iglesia fue renovada en el siglo XII en una amplia nave de bóveda de cañón, apuntada sobre arcos torales reforzados por contrafuertes exteriores. Los paramentos lisos de los muros se rompen con la abertura de largas ventanas y un ojo de buey. La portada es de arcos lisos en gradación abierta, incluida en un cuerpo saliente rematado por una cornisa de arcuaciones sobre ménsulas esculpidas entre frisos en dientes de sierra. El mismo motivo señala la división de los pisos del típico campanario con ventanas geminadas y dobles ventanas circulares en las caras del piso superior.

E**
H** Calitxó
✉ El Serrat, s/n
☎ 74 03 86
📷 Pont del Molí Fumat
📷 Pont de Can Plaga
🚶 Coll d'Ares (1.513 m.), Montfalgars (1.610 m.)
⚠ Conviene subir en coche hasta el Coll d'Ares y desde allí hacer la ascensión al Montfalgars
✚ 22 noviembre

SANT PERE D'AÜIRA
SANT PERE

Esta iglesia es un ejemplo de la persistencia del espíritu rural en la arquitectura, mantenido por la gente del país al margen de las grandes evoluciones. Consagrada a San Pedro en 1235, la iglesia es de una sola nave rematada por un ábside de muros lisos y cubierta con bóveda ligeramente apuntada.

E*

MONTGRONY
SANT PERE

La persistencia estilística de las maneras lombardas ejecutada con la cuidada estructura mural que se difunde con lo románico perdura todavía en la iglesia de Sant Pere, que debió de ser edificada hacia 1138 en el lugar perteneciente al monasterio de Sant Joan de les Abadesses. Es de una nave con cabecera triabsidal y sin cimborio. Las absidiolas de ámbito mucho más reducido que el ábside van decoradas como éste por tres arcuaciones divididas por lesenas. Tiene el aditamento de un pórtico cubierto sobre tres arcadas por el lado de mediodía.

E* △
H El Santuario tiene alberguería

TOSES
SANT CRISTOFOL

E*
La Collada H**
Ctra. Barcelona-Puigcerdá ✉
89 21 00 ☎

En Dòrria: 🏠
El Prat
Major, 20 ✉
73 74 16 ☎

Collada de Toses ⛰ 🚶
10 julio ✟

La parte conservada de la policromía del ábside, muestra la figura del Pantocrator, que ocupa la media cúpula rodeado de los símbolos de los Evangelistas. En el arco interior de la ventana, Caín y Abel ofrecen al Señor los frutos de la tierra, y en el paramento del hemiciclo, hay restos todavía de una representación de los apóstoles, de pie. El estilo acusa el último período de la evolución pictórica.

LLEIDA

RUTA 1: Segrià - Noguera - Pallars Sussa

LLEIDA

CATEDRAL.–La obra de la catedral se inició en 1203 y fue consagrada en 1278. El arquitecto que la inició, Pere de Coma, la concibió según un plan románico, pero pensando ya en una estructura de bóvedas góticas. Se inició, por tanto con un trazado basilical de tres naves con amplio transepto al que se abren cinco ábsides en gradación. En los pilares de doble resalte se alojaron columnas en los ángulos, además de medias columnas dobles en las caras, dentro de una forma románica, que están destinadas a levantar los arcos en ojiva y las bóvedas cerradas con claves que se contrarrestan en el exterior con enormes contrafuertes. Los arquitectos que le sucedieron construyeron el edificio con gran unidad de concepto hasta el final. Pedro de Pennafreita, muerto en 1286, acabó de cubrir las bóvedas y levantó el cimborrio sobre trompas, a manera de linterna gótica octogonal. El mismo inició el claustro que está delante de la fachada. Los trabajos fueron realizados en el siglo XIV, al mismo tiempo que se levantaban las capillas a los lados de las naves del templo, y se edificaba el campanario. En los detalles constructivos del edificio perviven infinidad de soluciones románicas que adquieren extraordinario relieve en el cincelado de los elementos decorativos, con marcadas influencias de la escuela tolosana, en las series de los capiteles historiados, así como interferencias moriscas en los temas de arabescos y lacerías. Estas influencias se ponen mayormente de manifiesto en la nueva forma de componer las magníficas portadas, donde juegan un gran número de montantes y columnas, cuya difusión es notablemente remarcable en la comarca de Lérida.

SANT RUF.–En 1152 el conde de Barcelona Ramón Berenguer IV dio a San Rufo de Aviñón unas tierras cerca de la ciudad para fundar una canónica. Para esta fundación se edificó una iglesia, actualmente en ruinas, dedicada a San Rufo. Era de planta de cruz y tres ábsides siguiendo el sistema provenzal de pilares escalonados. La cubierta de bóveda, reforzada de aristas, se sustentaba sobre columnas de capiteles lisos. La única ornamentación exterior quedaba reducida a la cornisa de ménsulas en el ábside.

E***

- ▲ 2.ª Les Bases
- ✉ Ctra. d'Osca, Km. 5
- ☎ 23 59 54
- 📷 Seu Nova (Catedral nueva, neoclásico) E**
- 📷 Sant Llorenç (s. XIII) E**
- 📷 Sant Martí (románico) E**
- 📷 Casa de la Ciutat (s. XII) E**
- 📷 Hospital de Santa Maria (s. XVI) E**, con el Museu Arqueològic

E*

- 📷 Museu Diocesà E**
- 📷 Castell de Gardeny y capilla de Santa Maria (románico) E*
- 📷 Castillo Real (s. XIV) E*
- ✝ Sant Anastasi (11 mayo)
- Sant Antoni Abat (17 enero)
- La Candelera (2 febrero)
- Sant Blai (3 febrero)
- Sant Antoni de Padua (13 junio)
- Santa Cecília (22 noviem.)

AGER
COLEGIATA DE SANT PERE

E**
Molí P*
Santes Creus, s/n ✉
43 60 02 ☎

Can Masierol ⛺
Afores ✉
45 50 47 ☎
Casa Castells ⛺
Travessera Cabezas ✉
45 50 46 ☎
Pasqual d'Orones ⛺
Carretera, s/n ✉
45 50 88 ☎

Sant Vicenç, con 📷
sarcófago romano

Sant Vicenç (22 enero) ✝
Festa d'Estiu (15 agosto) ✝

△ Congost de
Mont-rebei 🚶
△ Puig de Sant Alís 🚶
(1.674 m.)

Corçà: ☞
– El Roser (románico)
– Torre dels Moros
– Castell dels Moros

La iglesia de Sant Pere fue construida en el castillo por su conquistador, Arnau Mir de Tost, según afirma él mismo en 1068. Fecha en la que dotó de nuevo la residencia canonical, que allí se estableció. Se supone que se trataba de la construcción subterránea, originariamente de tres naves divididas por columnas que se cierra en semicírculo, a manera de cripta, y fue cubierta seguramente con bóvedas de arista. Esta parte del edificio está muy desfigurada. Sólo permanece en pie el cuerpo de una nave con bóveda de cañón que le precedía Encima se levantan las ruinas de la iglesia del siglo XIII construida en sillares. Es de tres naves, con un gran ábside acompañado de dos absidiolos vaciados en el grosor del muro. Las bóvedas de cañón corren sobre impostas encima de arcos torales que, en la nave central están sostenidos por columnas adosadas a los pilares, lo mismo que los arcos formeros de las arcadas. Delante de los absidiolos, al inicio de las naves laterales, se levantan dos cúpulas ochavadas sobre trompas cónicas, que se supone formarían la base de unos campanarios. El ábside central va decorado en su interior por unas columnas unidas por arcadas que cobijan tres nichos con ventanas. En los capiteles permanece la forma corintia con gran fidelidad.

CASTELL DE MUR
SANTA MARIA

E**
Terradets H**
Ctra. C-147, Km. 54 ✉
65 11 20 ☎
Llacs R
Ctra. Balaguer, s/n ✉
65 03 50 ☎
Castillo de Mur (s. XI) 📷
△ E**

1.º domingo septiembre ✝

Fundación de los condes de Pallars, fue la iglesia de Santa Maria consagrada en 1069 con una comunidad que, a fines del siglo, quedó sujeta a la regla de San Agustín. El estilo lombardo penetra en tierras occidentales para dejar el ejemplo de una basílica a tres naves con los ábsides adornados por resaltes en grupos de tres arcuaciones. La nave septentrional se halla derruida en medio del conjunto fortificado en el que queda un claustro de época posterior.

La decoración del ábside central pasó al Museum of Fine Arts de Boston. Es una composición solemne con notas destacadas de color verde que presenta en la media cúpula al Pantocrator bendiciendo, con el libro abierto en su regazo, dentro de una mandorla irisada sobre campo o fondo estrellado. Cuelgan a su alrededor las siete lámparas místicas y está flanqueado por los símbolos de los Evangelistas, que van acompañados de cuatro versos de Carmen Paschale del poeta latino Sedulius. Una pomposa greca inicia la zona del paramento, entre las ventanas del hemiciclo, decorada con las figuras de los doce apóstoles. Los centrales, agrupados de dos en dos, conservan la actitud hierática, que se pierde en los grupos de los extremos, que conversan amistosamente, en parejas, sin separación entre ellos. La parte abocinada de las ventanas se aprovecha para representar en ellas, respectivamente, Caín y Abel ofreciendo sus dones, la muerte de Abel y dos personajes que levantan los brazos a la manera de atlantes. La zona inferior es la peor conservada. Contiene escenas de la infancia de Jesús, que también se acompañan con versos de Sedulius. La Anunciación ya desaparecida, la Visitación, el Nacimiento, la Anunciación a los Pastores y la Epifanía, muy destruida. No quedan restos de las pinturas que se destrozaron recientemente en los absidiolos: en el de la Epístola se habían reconocido dos figuras de santos, una a cada lado de la ventana central, en cuyo abocinado figuraban dos personajes. La pintura fue ejecutada en la iglesia de la canónica agustiniana, hacia 1150. Según aprecia Post, revela la influencia francesa que caracteriza a un pintor, buen conocedor del oficio, que se diferencia de los demás maestros, como el de Taull y el de Pedret, más subordinados a la estilística bizantina.

COVET
SANTA MARIA

La iglesia dedicada a Santa María es de cruz latina con tres ábsides abiertos en el crucero. La bóveda de cañón apuntado se divide en tramos, mediante arcos torales sobre columnas adosadas. En los flancos de la fachada suben dos escaleras de caracol que conducen a una galería interior de cuatro arcos que está situada detrás del rosetón formado por arcuaciones y columnas radiales. Debajo, se abre la portada, único ornamento en todo el exterior liso, que adquiere, por ello, una fuerza más relevante por la expresión escultórica de los elementos que la componen. Forma un cuerpo avanzado acabado en una cornisa plana sobre ménsulas. En el centro sobresale el tímpano con el Pantocrator dentro de la mandorla, sostenida por dos ángeles de alas cuádruples y acompañado por los símbolos de San Mateo y San Juan. En las arquivoltas se distribuyen figuras de gran relieve: ángeles, músicos y monstruos que se combinan con escenas de saltimbanquis. En un lado se agrupan la Virgen con el Niño y San José, y en la cima la representación del Pecado Original. El conjunto se completa en cada flanco con la representación del león que devora un personaje preso en sus garras.

E***

Portada de la iglesia.

PALAU DE RIALB
SANTA MARIA

E*
10 agosto ✚
Forat de Buli ⛰ E** 👥

Planta de la iglesia.

El plan basilical, inscrito en un cuadrado, se distribuye mediante cuatro pilares cruciformes que dan las tres naves a las que se abren los ábsides. La austera funcionalidad interior de muros lisos contrasta con el exterior por las arcuaciones seguidas que discurren como un friso en el muro de la nave central y que se repiten en lo alto de las colaterales, divididas en grupos de cuatro por lesenas que arrancan de un zóalo. Las absidiolas conservan el mismo resalte en grupos de tres arcuaciones que se reducen a dos en el central para cobijar en éste una galería de ventanas ciegas bajo un friso en dientes de engranaje. Acompañaba la iglesia una torre campanaria actualmente truncada. El estilo entra de lleno en el círculo de la arquitectura de Cardona.

PONTS
SANT MIQUEL

E*
Boncompte H**
Pl. Sant Cristòfol, 2 ✉
46 10 02 ☎
Pedra Negra H**
Ctra. de la Seu d'Urgell,
Km. 63
46 01 00 ☎
Ventureta R
Ctra. de la Seu d'Urgell, 2 ✉
46 03 45 ☎
Santa Maria (neogótico) 📷
Casco antiguo
14 septiembre ✚
Festa del Ranxo 🛡
(en Carnaval)

Hay memoria de la consagración efectuada en 948 de la iglesia dedicada a san Miguel en el lugar de Ponts, la que es probable fuera sustituida por la actual recientemente restaurada, dedicada a San Pedro a principios del siglo XII, como se deduce por el aparejo perfecto de los bloques labrados que forman la estructura. Su interés no recae precisamente en el plan de una nave con bóveda de cañón semicircular sobre arcos torales y terminada en cabecera triabsidal bajo el octógono del cimborio muy elevado, por cuanto en ella sigue un modelo conocido y que tuvo mucha difusión, aun en las tres absidiolas que se vacían dentro del semicírculo del ábside central, como en Cervelló; sino principalmente por la reminiscencia del estilo lombardo que modela los resaltes que adornan los muros externos en simples arcuaciones corridas en el muro meridional, pero divididas por lesenas en los restantes y en los ábsides en los que, además, aparecen las ventanas ciegas.

RUTA 2: Alta Ribagorça - Val d'Aran - Pallars Sobira

SANTA MARIA DE LAVAIX

El monasterio de Santa Maria fue fundado a mediados del siglo IX. Se convirtió en una canónica agustiniana hacia el 1100 y, en 1223, se establecieron allí los cistercienses. De la época de la canónica sería la iglesia, en ruinas. Presenta la planta de cruz y la nave está cubierta con bóveda de cañón, dividida en tramos por arcos torales sobre columnas. El único absidiolo subsistente está coronado por una cornisa de ménsulas. Algunos elementos dispersos son los restos que formaban el antiguo claustro.

E*

H   En Pont de Suert:
P**   Can Mestre
✉   Pl. Major, 8
☎   69 03 06
P**   Canigó
✉   Av. Victoria Muñoz, 16
☎   69 03 50
P**   Carrera
✉   Av. Victoria Muñoz, 15
☎   69 01 10
🏛   En Malpàs:
     – Casa Espot. Unic, s/n
     – Casa Gironella. Afores
☞   El Pont de Suert:
     – Nueva Parroquia de l'Assumpció
     – Casco antiguo

DURRO
NATIVITAT

Obra de los constructores que en el primer cuarto del siglo XII levantaron las iglesias del valle de Boí. Es de una larga nave con bóveda de cañón sobre arcos torales, precedida por un pórtico y acompañado de un alto campanario. El exterior del ábside reproduce las arcuaciones lombardas, que también aparecen en la división de los paramentos, donde se abren las ventanas del campanario. El portal de arcos lisos, descansa sobre doble juego de columnas.

E** △

🏛   Casa Conilla
✉   Sant Antoni, 4
☎   69 40 46
📷   Sant Quirze (románico) E*
☞   Cardet: Santa Maria (románico) E**
☞   Coll: Santa Maria (románico) E**

TAÜLL
SANT CLIMENT Y SANTA MARIA

La excursión a Taüll, en el corazón de un valle pirenaico particularmente risueño, es un encanto. Se puede ir en automóvil hasta Boí. A partir de allí, un mediocre camino sube hasta el pueblo. Antes de llegar se alcanza Sant Climent, la maravilla; y después

La Coma P**
Unic, s/n ✉
69 60 25 ☎
Casa Maria 🏠
69 60 52 ☎
Casa Moneny 🏠
Església ✉
69 60 15 ☎
Casa Plana Minguero 🏠
Unic, s/n ✉
69 61 17 ☎

3.º domingo julio ✝

Boí: ☞
Sant Joan (románico) E*

Taüll, Santa Maria, transformada desgraciadamente por el tiempo.

Para asegurar su conservación, los frescos y el mobiliario de estas iglesias, han sido llevados al Museu d'Art de Catalunya, en Barcelona. Hemos intentado reunir aquí estas riquezas para reconstituir de algún modo el incomparable tesoro de Taüll, auténtica summa y sumario del arte románico.

La uniformidad de estilo que aparentemente se obtiene por la concomitancia de métodos y elementos comunes traicionaría a menudo en la apreciación de lo románico si, al ofuscarse el crítico en la estima de una explosión colectiva, cerrara la puerta a toda posible floración de una escuela determinada, en torno a artistas mejor dotados, que en realidad supieron llegar a creaciones personales dispersas en áreas alejadas entre sí y sólo explicables por circunstancias históricas. El intercambio de gentes por la extensión geográfica que media desde las estribaciones apeninas a las pirenaicas, a orillas del Mediterráneo, con las sendas abiertas hacia un país en construcción progresiva como era el de los condados catalanes, creó un alud indeleble que, en su misma intensidad, abrió las esclusas a todas las nuevas corrientes importadas por el trasiego de lombardos, pintores y escultores, constructores y operarios, que se pusieron en obra al servicio de obispos, abades y próceres, siempre bajo la guía de jefes y maestros que llevaban lo que sabían y lo adaptaban a lo que se les pedía, con un margen suficiente para salirse de sus propias fórmulas, siempre que en ellos existiera una auténtica personalidad. Las iglesias de Taüll constituyen el ejemplo completo de uno de estos impactos producidos en la proyección de tales trashumancias, por cuanto en ellas es dable situarse en unas comarcas donde tuvo hondas repercusiones la importación absoluta de un modelo constructivo, el paso de maestros decoradores con un arte definido y la presencia de tallistas de profunda intensidad escultórica que, en su fugaz pasaje, dejaron un conjunto artístico de suma importancia, en parte momificado por la injuria de los tiempos. A la distancia de un siglo del impulso dado por la gran corriente lombarda en su severa exégesis de la forma disciplinada en la austeridad, tal ejemplo viene a ofrecerse como un término de prolongación en el que lo lombardo repercute como una última versión obtenida con lenguaje de mayores lirismos, cuando ya todo se funde en un estilo cada vez más internacional.

Historia

Las iglesias de Taüll emergen en la hondonada del valle de Boí, uno de los altos rincones pirenaicos más pintorescos y amenos, abierto entre las cordilleras que se desparraman hacia mediodía dando curso a los cauces paralelos de los ríos Noguera Ribagorzana y Pallaresa. La espina dorsal de la sierra que los divide crea el límite natural entre Ribagorza y Pallars y, aunque el valle se abre hacia la primera de estas regiones, en realidad queda incluido en la segunda dentro de la actual provincia de Lleida.

Esta parte del territorio pirenaico quedó sumergida bajo la oleada de sumisión a los sarracenos, aunque desconoció propiamente las invasiones de las hordas guerreras, pasando al dominio tributario de aquéllos, de modo que el país prosiguió en la vida rural de cultivo y pastoreo sin que se inmutaran las demás condiciones que habían contribuido a fijar la secular permanencia de una población distribuida en pequeños centros equivalentes a la perdurabilidad de las antiguas villas de época romana. La liberación del dominio sarraceno y del yugo tributario partió de la iniciativa del condado de Tolosa casi un siglo más tarde, antes del 806. Organizados posteriormente los condados de Ribagorza y de Pallars, el valle quedó incluido en éste, adscrito eclesiásticamente a la diócesis de Urgell.

La formación de un obispado, hacia el año 911, que englobó a ambos condados, creó serios conflictos con la iglesia de Urgell, que no vio sus derechos respetados hasta el 949 cuando, obtenida la separación de aquéllos, se redujo el nuevo obispado a Ribagorza y Pallars permaneció bajo su obediencia. Las vicisitudes que después de 1006 reunieron de nuevo a los condados originaron otras lides de jurisdicción, zanjadas por lo que respecta al valle de Boí, aunque más tarde se reincorporó al de Roda-Barbastro.

En definitiva, la deficiente organización eclesiástica a consecuencia de los vaivenes en los cambios de jurisdicción, unida a la sobria parquedad de la vida del país y escasos recursos económicos, no habían conducido a un progreso de mejorías que sólo, y casi por única vez, se dio en la historia de los valles a partir de principios del siglo XII.

El valle de Boí se benefició entonces enormemente, como los demás de la región, a causa del giro dado a la reconquista por el rey de Aragón, Alfonso el Batallador quien, al extender sus dominios por las riberas del Ebro entre 1118-1120, se adueñó de las importantes y ricas ciudades de Zaragoza, Tudela, Daroca y Calatayud. La participación efectiva que tuvieron en estas campañas guerreras los próceres del condado de Pallars con sus mesnadas, atrajo un aflujo de riqueza que se hizo notar inmediatamente. Los lugares de Taüll y Boí recaían bajo la jurisdicción del señor de Erill, familia de un gran empuje a partir de mediados del siglo XI, cuyos adalides se distinguieron por la intervención en los hechos de armas al servicio de los condes de Pallars, logrando situarse en una sólida posición de dominios cada vez más dilatados que les permitieron establecer enlaces familiares con la casa condal durante el siglo XII.

Fue el momento culminante que permitió acometer la renovación de las viejas iglesias rústicas del valle por otras nuevas construcciones, que fueron ricamente decoradas y dotadas de imágenes y mobiliario litúrgico, gracias a unos equipos de operarios y constructores, pintores y tallistas que dejaron en ellas los materiales de un capítulo imprescindible en la historia del arte románico. Una inscripción pintada en una de las columnas de la iglesia de Sant Climent de Taüll recuerda la fecha de la consagración de ésta, a 10 de diciembre de 1123; dos días después se consagraba la de Santa Maria por el mismo obispo de Barbastro, el célebre San Ramón, el antiguo prior de San Saturnino de Tolosa, que tuvo que sostener tan acérrimas luchas con la iglesia de Huesca. Puede reconocerse en ellas una iniciativa debida a este prelado de gran temple, lo que puede explicar la intervención de artistas escogidos llamados a renovar las iglesias de sus parroquias en torno a la creación de la iglesia de Sant Climent, destinada con seguridad a la implantación de una comunidad canónica, según las normas de la reforma vigentes en aquel período. Una vez pasado este instante de brillantez en su creación y en la irradiación alcanzada en sus inmediaciones, entraron en la inmutabilidad serena y reposada de la montaña que ha sido la garantía de su conservación hasta nuestros tiempos.

Visita

Por la carretera que va de Pobla de Segur a Pont de Suert. A cinco kilómetros de esta última localidad parte, a la derecha, la carretera que conduce a Boí; desde alll se sube a Taüll, situado a un kilómetro.

Situación de Sant Climent vista desde el este dominando el valle.

El paisaje pirenaico que se descubre a la entrada del valle en el dilatado panorama de la alta montaña se armoniza a través de los mástiles pétreos de los típicos campanarios que se escalonan en el horizonte, repitiéndose en vibraciones desprendidas de los caseríos arracimados a sus pies. La inmovilidad secular en el desfile de las generaciones por el mismo sendero, impuesto por la lucha de la vida en la fijación de la tierra, se concentra en la evasión del espíritu perdurable en la piedra de los templos que velan bajo su centinela. Las dos iglesias de Taüll, igual que la de Boí, levantadas por un análogo sentimiento que logró la superación por esfuerzos tendentes a perpetuarla, constituyen el mojón que señala la presencia de una continuidad, sin más historia que la del momento en que se produjeron.

La Iglesia de Sant Climent de Taüll

E***

Consagrada el 10 de diciembre de 1123, corresponde al tipo basilical perfecto, de tres naves con cubierta de madera, separadas por columnas y rematadas por tres ábsides. Tipo, al parecer, anacrónico en un tiempo en que era normal el uso de la bóveda, reviviscencia retardada de un dominio arquitectónico ya superado si se compara con la renovación predominante. Se diría que es la resultante de un compromiso que, partiendo de lo arraigado que estaba en la gente del país la estructura de su casa consagrada al Señor por aquella razón de inmovilidad tradicional en la montaña, aceptó la expresión definida por la corriente imperante en aquellos elementos que el uso litúrgico impuso como soluciones más adecuadas. El mismo tipo se repite en las iglesias de los altos valles pirenaicos de una y otra vertiente, como una modalidad específica que evoluciona hacia las cubiertas en bóveda no siempre resueltas según la maestría apetecible en el reajuste del conjunto. Pero el aliento lombardo que lo informa en su evolución tardía, singularmente en los ábsides, agrupa este tipo basilical

al modelo que por el mismo tiempo se propagaba por las regiones de Verona y Mantua como ha constatado J. Ainaud. Con esto es acusable la presencia en Taüll de constructores que lo llevaron a cabo en un momento en que decoradores y tallistas de procedencia italiana trabajaban en las iglesias del valle.

Las **naves** convergen ligeramente hacia la cabecera, divididas por tres columnas por parte que sostienen las cuatro arcadas semicirculares. La estructura rústica de los muros en bloque no pulidos, con carencia absoluta de ventanales, sin otras aberturas que la puerta meridional de arco adovelado, además de otra posterior en el muro occidental y del paso al campanario, es de una simplicidad absoluta y sin expresión alguna, como la de un cobertizo montañés de techo pizarroso a dos pendientes. Algunas de las columnas cilíndricas brotan directamente del suelo y otras descansan sobre una base lisa. No están formadas por bloques monolíticos sino por pequeñas piedras adornándose en su parte superior con un collarín en dientes de engranaje, utilizando este elemento decorativo propio de frisos y arquivoltas. Carecen de capiteles y se rematan en simples ábacos redondeados inferiormente en sus puntas para encajar sobre la columna y dar el paso al arranque de los arcos. Sobre éstos se eleva el muro en la altura precisa para recoger las dos pendientes de la cubierta. El método empleado en ésta no puede ser más primitivo ni rústico en su disposición de vigas sobrepuestas y unidas en obra sin atirantar, tendidas de muro a muro y dando la elevación central en la que se distribuyen las vigas de sostén del techo según la inclinación de las pendientes.

La **cabecera** triabsidal es obra de estructura diversa y más cuidada que las naves. Disiente de

▶
Interior de la iglesia de Sant Climent: vista del ángulo noreste.

▶▶
Detalle de la parte superior de un pilar de la nave.

éstas por el abovedamiento, pero aunque en apariencia los muros se identifiquen con ellas por el corte y tamaño de las piedras, predomina en aquéllos una labor de labra más ostensible en los elementos constitutivos de arquerías y ventanas. Al interior, la apertura de los absidiolos lisos se desarrolla bajo el arco de perforación del muro. En cambio el central va precedido por un corto espacio que sobresale como en prolongación de la nave y forma un ligero cuerpo que se acusa al exterior, más bajo que ésta, con cubierta propia a dos vertientes. Los absidiolos van decorados al exterior por grupos de tres arquerías separadas por medias columnas rústicas y el ábside por grupos de cuatro. Sobre ellas corre un friso en diente de engranaje, igual que los collarines de las columnas y los frisos en los remates de los pies del campanario. Es la característica de tipo lombardo, sin la espontaneidad de las mejores obras, ni el resultado emotivo en la colocación de las piedras, característico de épocas anteriores, sino con el detalle cuidado en la labra de los arcos monolíticos de sección en doble resalte que también aparecen en las escasas ventanas a doble derrame, una al fondo de cada ábside y otra por encima de los absidiolos y en los ojos circulares del ábside central y sobre éste. Son éstas las únicas aberturas destinadas a recoger la luz, concentradas todas en la cabecera, para proyectarla desde el santuario al interior del templo.

La **torre** cuadrada del campanario se eleva aislada, inmediata al ángulo de la pared de mediodía en proximidad de los ábsides. Alta y esbelta en sus cinco pisos sobre el zócalo de base, emergiendo en sus cuatro pisos supe-

▲
Sant Climent visto desde el sureste.

▼
Detalle de la base del campanario y del presbiterio de Sant Climent.

riores sobre el nivel de la iglesia, se remata en baja cubierta piramidal. En todas las caras se repite la estructura de cada piso con el plano del muro refundido y enmarcado por el resalte del pilar en los ángulos y terminado superiormente por cinco arcuaciones; en los tres pisos superiores se limitan por medio de frisos en dientes de engranaje. La gradación de aberturas en arcos geminados se rompe en su mitad correspondiente al tercer piso con triples arcos y en el zócalo con una sola ventana. Las ligeras columnitas soportan el ábaco que reúne los arcos. Por su forma y expresión se aparta de las torres del lombardo típico del siglo XI, más macizas y severas, y se acerca a las contemporáneas italianas de las que intenta remedar las aplicaciones de cerámica y colorido en los círculos de piedra en el friso superior y en la aplicación de color rojizo de almagre en las arcuaciones y dientes de sierra que armoniza con la tonidad de la tierra.

La decoración mural

Del revestimiento polícromo que decoró todo el interior de la iglesia, ábsides, paredes y columnas, no quedan más que las pinturas del ábside central y de uno de los absidiolos, conservadas en el Museu d'Art de Catalunya.

La decoración del ábside alcanza la cumbre en el arte pictórico románico, por el aliento singular con que el mejor de los artistas que en su época pasó por Cataluña supo servirse del formulario bizantino para vigorizarlo con personalidad destacada, movido por un instinto realista que tiende a realzar el contenido vital de las figuras dentro del hieratismo de lo abstracto. La cuenca hemisférica del ábside de 4 metros de diámetro contiene la visión del Pantocrator rodeado del Tetramorfos. Las partes figurativas se destacan sobre un fondo dividido en tres zonas que van del azul claro al plomizo con una intermedia de ocre. Dentro de la elipse erizada y perleada aparece la figura del Pantocrator sentado sobre una franja transversal decorada con follajes. Los pies desnudos descansan sobre una semiesfera irisada en los bordes. La mayestática figura se proyecta sobre

Conjunto de frescos del ábside de Sant Climent y altar de Santa Maria (MAC).

un fondo azulado entre el Alfa y Omega, a manera de lámparas suspendidas por tres hilos; bendice con gesto solemne de su diestra mientras la izquierda sostiene sobre la rodilla el libro abierto en que se lee EGO SUM LUX MUNDI. Los pliegues realistas de la túnica agrisada y del manto azulado en que se envuelve traicionan la vitalidad de la figura, que escapa con extraordinario vigor en los detalles de pies y manos delicadamente modeladas y, sobre todo, en la impresionante estilización de la cabeza, obtenida con un arabesco de líneas precisas, realzado por la difuminación de veladuras sobre el blanco de la aureola crucífera. Lo circundan cuatro ángeles ofreciendo los símbolos de los evangelistas: dos de ellos completos en lo alto, uno alusivo a SANCTUS MATHEUS y el otro llevando el águila de SANCTUS IOHANNES en las manos veladas por el manto, ambos en un delicioso movimiento como deteniendo el ímpetu del vuelo en torno a la aparición mayestática; los otros dos de medio cuerpo, en la zona inferior, dentro de unos círculos vistos en escorzo, que se repiten a su lado para llenarse con el león de SANCTUS MARCHUS EG y el toro de SANCTUS LUCHAS EG, como evocando el torbellino de ruedas inductor de la aparición. Dos ángeles SERAPHIM completan la escena, uno a cada extremo, con los cuerpos envueltos en seis alas llenas de ojos y los brazos en actitud de aclamación. La vivacidad de las figuras, en el ámbito trascendental en que se muestran, contrasta con la zona inferior, en que predomina el rojo cálido sobre una zona de fondo azulado. Un pórtico de fantasía, con siete arcuaciones rebajadas trazadas a ojo sobre capiteles foliados, enmarca las figuras de la Virgen y de cinco apóstoles conservados sólo en su mitad superior a ambos lados de la ventana central. La forma rígida de las figuras esclaviza algo más el modelado, a pesar de las exageraciones en ciertos detalles que alejan las figuras de la intensidad tan lograda en la zona superior. La Virgen María, con toca blanca sobre manto azul, está en gesto de expectación orante, levantando sobre su mano izquierda velada el plato del que se desprenden

Detalle de la cabeza de Cristo en gloria.

las llamas luminosas. Los apóstoles... OMAS, S. BARTOLOME, S. IACHOBE, S. FIL..., llevan el volumen sobre el pecho con las manos veladas y sólo S. IOANNES lo levanta con su mano derecha en gesto de aclamación.

En la clave del arco triunfal se representa el Cordero de cabeza nimbada en cruz y provista de siete ojos según la visión apocalíptica. En la clave del otro arco sigue la mano divina en gesto de bendición de mayestática grandeza emergiendo del círculo que la enmarca. Del resto de la decoración de estos arcos, bajo una zona con indicios de figuras de ángeles, sólo se ha conservado la figura sedente del patriarca Jacob y la de Lázaro tendido a la puerta de Epulón, acompañado del perro que lame sus llagas.

El ímpetu vigoroso logrado por el maestro de esta obra, a quien se adscribe la decoración conservada en un ábside menor de la antigua iglesia de Roda, sede del mismo obispo Ramón

El águila y el ángel de san Juan y el serafín.

que consagró Taüll, indica el paso de un artista muy bien formado que, usando colores nítidos y dominando profundamente su arte, vitalizó las fórmulas iconográficas en uso, sin salirse de los mismos rasgos convencionales, pero imprimiéndoles alientos de animación que lo conducen a huir de la simetría para impulsar con mayor fuerza el contenido humano de las figuraciones. El

▲ El toro y el ángel de san Lucas.

▼ El león y el ángel de san Marcos.

efecto obtenido por su cromatismo es la resultante de la expresividad intensa que supo imponer un mundo trascendental con una versión humanizada y sensible.

Es muy distinto este pintor del que prosiguió su obra del resto de la iglesia, aunque sólo puede juzgarse en la parte que procede de uno de los absidiolos. El tema, constituido por figuras de seis ángeles sobre fondo dividido en zonas de color, queda muy por

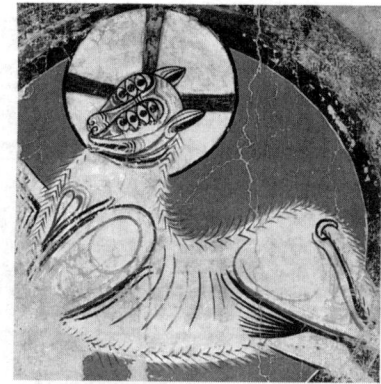

El Cordero del Apocalipsis.

Cabeza de la Virgen.

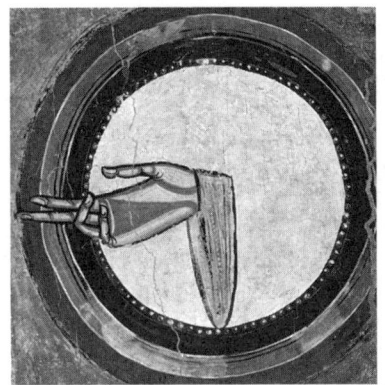

debajo en calidad artística y en entonaciones de colorido. Sus características de estilo aparecen más claras en la decoración de la próxima iglesia de Santa María, en la que se manifiesta su osadía y su carácter. De la pintura que revistió las paredes interiores queda el notable fragmento procedente de una de las columnas en la que se consignó la fecha de la consagración de la iglesia a la manera lapidaria:

La Mano de Dios.

El pobre Lázaro lamido por un perro a la puerta del rico avariento.

E***

ANNO AB INCARNACIONE
DOMINI MCXXIII IIII IDUS DECEMBRIS
VENIT RAYMUNDUS EPISCO-
PUS BARBASTRE
NSIS ET CONSACRAVIT HANC ECCLESIAM IN HONORE
SANCTI CLEMENTIS MARTI-
RIS ET PONENS RELIQUIAS
IN ALTARE SANCTI CORNELII EPISCOPI ET MARTIRIS

Planta de Sant Climent.

Dimensiones

Longitud total de obra	18,10 m.
Anchura total interior junto al ábside	12,40 m.
Anchura total interior al comienzo de la nave	13,80 m.
Anchura de la nave central	4,60 m.
Anchura de las naves laterales	3,80 m.
Abertura del ábside central	3,60 m.
Profundidad del ábside central	1,90 m.
Abertura de los absidiolos	2,25 m.
Profundidad de los absidiolos	1,10 m.
Altura total exterior hasta el faldón del tejado	10,00 m.
Altura de la clave de los arcos que dividen la nave	4,60 m.
Distancia entre columnas	3,25 m.

La Iglesia de Santa Maria de Taüll

A poca distancia de la anterior y entre el caserío a que sirve de parroquia, la iglesia de Santa Maria es una obra similar a la de Sant Climent. Levantada al mismo tiempo y consagrada dos días después, obedece a un idéntico plan sin que se reproduzcan mutuamente los mismos elementos. Si la basílica de Sant Climent se conservó en su integridad, la de Santa Maria, en función de parroquia y de continuado uso, víctima de las adaptaciones de los tiempos, ha sufrido el paso de las generaciones que modificaron su estructura. El área basilical, dividida por columnas en sostén de los arcos de la techumbre, fue reducida a la sola nave central después de transformar las laterales en capillas durante el período barroco. Unos muros de división, a manera de contrafuertes interiores, embebieron las columnas en su interior. Los espacios resultantes se cubrieron con bóvedas siguiendo la misma sección de los arcos laterales y la antigua armadura quedó sustituida, igual que la nave central, por una cubierta en bóveda que, en el crucero, dio paso a una cúpula con cimborio exterior. El absidiolo del lado de la epístola fue suplantado por una estancia con destino a sacristía. El cuerpo del campanario, repetición de la torre de Sant Climent, pero no aislado como éste sino inmergido en la nave de la epístola, muestra idéntica estructura en su forma y detalles decorativos señalados por las arcuaciones que indican los cuatro pisos limitados por frisos en dientes de engranaje y enmarcando ventanales geminados con arcos apoyados sobre ligeras columnas.

La decoración mural

La transformación del interior protegió gran parte de la decoración mural que originariamente revistió el interior del templo desde los ábsides a las columnas. Lo que pudo salvarse fue arrancado y transportado al Museu d'Art de Catalunya, donde se pueden apreciar grandes zonas de paramentos decorados, que atestiguan la presencia de dos pintores diversos y contemporáneos a la decoración de Sant Climent, en torno al año 1123, cuando fueron consagradas ambas iglesias. El que decoró el ábside central con el ámbito del arco que lo precede, maestro diverso del pintor del ábside de Sant Climent pero perteneciente a su grupo, y el que prosiguió la decoración de toda la iglesia, tal como hizo también en Sant Climent.

El ábside mayor, de 3,40 metros de diámetro, queda en un ritmo de composición formado por la parte cóncava, la semicircular central a los lados de la ventana y la restante inferior. En la cóncava superior domina el tema de la Epifanía sobre campo formado por franjas horizontales que bajan del tono oscuro al ocre, verde y azul. La figura dominante es la de la Virgen, sentada en rico escabel ornado de pedrería y provisto de almohadón y subpedáneo. La aureola almendrada en dos franjas de ocre y rojo separadas por otra de blanco, más que encuadrar la imagen le sirve como de fondo. La Virgen sedente viste toca y planeta azulada, decorada con una franja sobre el pecho, por encima de la túnica

Santa Maria vista desde el sureste.

rosada que cae en pliegues simétricos ensanchándose para terminar en rica orla sobre el calzado. El hieratismo estático de la figura constituye el solio maternal de Jesús sentado en su regazo y como protegido por sus manos que, al salir simétricas de la planeta levantada, permiten caer el pliegue central como formando una contraaureola que hace resaltar más la figura del Hijo. Este viste

Interior de Santa Maria, vista desde el ángulo noroeste.

Conjunto de frescos del ábside de Santa María (MAC).

Detalle de San Pedro.

edad madura BALDASAR, englobando la aparición de la divinidad a la humanidad figurada en las tres edades del hombre. Los tres magnates visten túnica corta, clámide y corona real, llevando sus dones dentro de un plato dorado que el más anciano ofrece sobre las manos veladas en actitud de postración. Una amplia franja con una greca pasa por detrás del solio de la Virgen y cierra la composición.

La zona intermedia contiene un pórtico sobre campo de franjas paralelas de color en el que la fantasía ha trazado idénticos elementos florales en las basas y capiteles sobre fustes de decorado helicoidal. Las hornacinas destinadas a los apóstoles, mal conservadas en los extremos, dan a ambos lados de la ventana la figura de PETRUS, indicando la llave que sostiene en su izquierda velada, la de PAULUS y a continuación la de IOHANNES señalando el volumen que sostienen en la otra mano. Todos visten túnica orlada en el pecho y manto con cenefa interior. Quedan indicios de los demás apóstoles en actitudes similares. El artista no descuidó el subrayar los rasgos fisionómicos atribuidos por el

túnica y manto rojizo, con rica orla y bendice con la diestra mientras empuña el rollo cerrado en la otra mano. Circunda su cabeza una aureola roja con cruz blanca en contraste con la aureola de la Virgen de tonalidad ocre dorada. Una estrella de ocho puntas, STELLA, se repite a ambos lados de su figura sobre las cabezas de. los Magos; uno, el más anciano MELCHIOR, a la derecha, y los dos restantes a la izquierda, representados como un joven GASPAS y otro en canon iconográfico a las cabezas proyectadas sobre el disco que las aureola, alternando de unos a otros entre el ocre y el rojo. La zona inferior se extiende en una franja de medallones enlazados por estilizaciones vegetales dentro de los que aparecen figuras de animales; águila, cigüeña, león, dragón y pez. Por debajo de ella pende un cortinaje imitando telas de temas rodados que con sus pliegues llegaría hasta el pavimento.

El doble arco escalonado que precede al ábside permitió al artista desarrollar una composición, entre las orlas de enmarque, que en el círculo central da el Agnus Dei con nimbo crucífero y cruz astada sobre campo de nubes estilizadas entre estrellas, y a un lado la figura del justo Abel con indumentaria de pastor ofreciendo la primicia de su rebaño, que seguramente se acompañaría al otro lado por la desaparecida figura de Melquisedec en su acto de oblación. Por debajo de la extensión de la greca, que desborda del ábside, quedan restos de la prolongación de su zona intermedia en la que continuarían figuras de apóstoles, del mismo modo que en las zonas inferiores proseguirían la franja de medallones y el cortinaje terminal que se repiten en el macizo del altar, viniendo a probar que la decoración debería estar terminada en la fecha de consagración de la iglesia.

Las mismas zonas se extienden por las paredes de cada lado del ábside dentro de la nave central, conservándose la parte que correspondería al lado del evangelio, bastante íntegra en su zona superior, con dos de los símbolos de los evangelistas en figura de ángeles con la cabeza nimbada del toro, alusiva a San Lucas y del águila característica de San Juan, llevando el libro de los evangelios y separados por un serafín que viste el cuerpo con seis alas. Al extremo del grupo se llena el espacio con la figura del arcángel GABRIEL, a la que correspondería al otro lado del ábside la de San Rafael, seguida del grupo de los otros dos símbolos de San Mateo y de San Marcos con el serafín intermedio. En la zona inferior los pocos restos conservados indican la presencia de figuras de bienaventurados sobre la franja de medallones de la que pende el cortinaje.

◀◀
Detalle del Niño Jesús.

◀
Detalle de dos Reyes Magos (Gaspar y Baltasar).

La decoración de las paredes

Como en Sant Climent, los muros del interior de Santa Maria fueron decorados por otro artista distinto que, si apenas queda conocido en dicha iglesia por los restos del absidiolo, puede apreciarse en cambio con sus características peculiares en varias de las zonas fragmentarias que, rescatadas de los muros, se conservan también en el Museu d'Art de Catalunya. La mayor extensión se halla en la parte procedente del muro de la epístola a ambos lados de la puerta de ingreso, dividida en dos registros separados por orlas con motivos geométricos y terminados inferiormente por un cortinaje. Muy mutilado en su parte alta, el registro superior no permite identificar las escenas que se suceden en recuadros sobre campo dividido en franjas de ocre y rojo, que debió constituir el fondo común a toda la decoración del interior. Según

Detalle de un personaje indicando a Zacarías que llame a su hijo Juan.

David matando a Goliat.

A pesar del manejo de colores límpidos que resaltan en este conjunto decorativo, el mérito del artista que lo ejecutó no alcanza el valor logrado por su compañero que decoró el ábside de Sant Climent, del que se diferencia por no sobresalir de lo convencional y estilizado, más apegado a la fórmula, aunque dotado de dominio en lo que ejecuta con intensidad y serena nobleza. Este artista desapareció de Taüll después de esta obra y se le encuentra en San Baudilio de Berlanga y en Maderuelo, lugares dentro del reino de Castilla, que entonces pertenecían al gobierno del rey Alfonso el Batallador.

Descendimiento de la cruz (MAC).

Pijoan, los temas se referirán a escenas de la leyenda del papa San Clemente. La ordenación del santo por San Pedro en los dos personajes de pie; los viajes en busca de su familia en la escena del personaje dentro de una nave con un ángel, la aparición del Cordero misterioso que con el pie señala el lugar del agua y, finalmente, la investidura del santo como obispo de Roma. Sigue otro tema con figuras de ángeles armados de lanzas y adargas. El registro inferior funde en el tema de la Epifanía la escena de los Magos ante Herodes y el acto de la Adoración. Los personajes regios van encuadrados por un pórtico en el que, dentro de su primer arco, está Herodes sentado en trono y en diálogo con el primero de los Magos mientras los otros dos están vueltos hacia la Virgen presentando las ofrendas; la libertad interpretativa del vestuario, entre manto y clámide sobre túnica corta, no impide que

Virgen sentada teniendo al Niño (Museo Marés).

levanten el plato de las ofrendas bajo la mano velada. La Virgen está encerrada dentro de una aureola de doble sección elíptica, que contornea la figura sentada en trono y sosteniendo al Niño Jesús sobre la rodilla izquierda, ladeado en dirección a los Magos, a quienes bendice sin que le falte el rótulo en la mano izquierda. Irrumpe la aureola la figura de un ángel en actitud de llevar una cruz o un lirio en su mano. Siguen dos personajes bajo pórtico, expresando el momento en que Zacarías recobra el uso de la palabra, al indicar por escrito el nombre de Juan que debería

Detalle del frontal del altar: la Virgen en gloria y apóstoles. (MAC).

imponerse a su hijo. Al otro lado de la puerta continúa la historia de Zacarías en el episodio de la incensación del altar al recibir la promesa de su descendencia.

El fragmento decorativo correspondiente al fondo de la nave de la epístola deja el triángulo que seguía la pendiente de la cubierta con un perro lobo persiguiendo a una gacela entre pájaros y estrellas. En la zona inferior se desarrolla la lucha de David y Goliat, en el momento de la caída del gigante bajo la pedrada, junto con el instante en que David le corta la cabeza en presencia de un cuervo en actitud de abatirse sobre el cuerpo.

En el muro testero de fondo se desarrolla en dos registros la escena del Juicio Final. Una ventana abierta en el centro hizo desaparecer la figura del Juez Supremo dentro de aureola almendrada, que tiene a su derecha la figura de Cristo con la cruz al hombro, seguido de San Juan Bautista que lo señala como el Cordero de Dios, y de un ángel que lo acompaña; al otro lado se produce la figura de la Virgen entre dos ángeles, que llevan abierto el libro de la vida. En el registro inferior el arcángel SANCTUS MICHAEL, acompañado de un glorificado, pesa con unas balanzas las almas en sus méritos; la escena se completa con dos figuras desnudas sobre el arco inferior, una de ellas en dirección a las balanzas para ser juzgada y la otra volando en sentido contrario, una vez verificada su iniquidad. Estarían a indicar la resurrección dos figuras en la alegría de los justos y dos en el desconsuelo de los pecadores. En el tímpano del arco inferior aparece un personaje sentado, llevando en cada mano una lámpara. Quedan extensos fragmentos de las representaciones de los tormentos a los penados, que se desarrollaban en la pared de la nave del evangelio. Por ellos se aprecia el desbordamiento de la fantasía del artista, al trazar una composición espeluznante por la variedad de monstruos entrelazados con cabezas de serpiente y dragón masticando y engullendo cuerpos de precitos y provistos de manos que los atenazan y de vientres abiertos en bocas de horrible mueca.

El tema de los pavos afrontados ante un cáliz figuró en lo alto, bajo la pendiente de la cubierta, sobre el absidiolo de la epístola. Por los fragmentos conservados se conoce que las columnas de la basílica fueron decoradas con franjas helicoidales de diverso color, como las que se figuraron en los pórticos pintados del ábside. En cambio, el intradós de los arcos formeros se rellenó con representaciones de profetas, ISAIE, JEREMIA y seguramente Daniel y Ezequiel con rollos y volúmenes sobre las manos veladas por el manto y separados por un disco en la clave del arco del que queda la representación del Agnus Dei con la cruz.

La audacia del artista que embistió semejante decoración, tan atrevida por su extensión y temario, sorprende todavía más si se considera que tuvo que valerse casi únicamente de los colores elementales, con predominio absoluto de los ocres y rojos que apoyan todo su fausto polícromo. Ha supuesto J. Gudiol que se trataría de un hombre del país que, al contacto con los dos maestros que pasaron por Taüll, se atrevió a decorar lo que ellos no acabaron. Lo demostraría su falta de práctica en la ejecución de las partes puramente ornamentales, que suelen ser siempre del dominio de quien maneja una técnica, como asimismo en la copia invertida de epígrafes y en la ejecución de un vestuario que no entiende. El infantilismo primitivista que mueve su temario no quita, empero, que, llevado por su audacia y ardor decorativo al enfrentarse con el lirismo narrativo de las composiciones, alcance una superación altamente emotiva como fruto de sus esfuerzos de imaginación.

Siguiendo la corriente artística que se produjo a raíz de las construcciones de Taüll y de su decoración, no faltó la presencia de escultores y tallistas a cuyo cargo corrió la imaginería y mobiliario litúrgico de las iglesias en el valle de Boí. Admirables son los grupos de los Descendimientos, como los de Erill y Durro, de los que formaban parte el grupo de figuras del Museo de Arte de Cataluña y la Virgen en el Museo Marés de Barcelona, procedentes de Santa María de Taüll. Tallas impresionantes en las que, dentro de la rigidez de formas, flota un sentimiento realista no superado por los continuadores que hacia fines del siglo obraron el antipendio en figuras de relieve de apóstoles en torno al Pantocrator procedente de la misma iglesia. Ejemplar único del mobiliario es el banco procedente de Sant Climent, de tres hornacinas divididas por columnas, construido en madera de pino, profusamente calado y tallado en relieves con restos de pintura en rojo, conservado en el Museu d'Art de Catalunya, en el que todavía se reproducen arcos de herradura en combinación con discos cóncavos propios de las orlas de los antipendios en madera que imitaban los de orfebrería.

ERILL LA VALL
SANTA EULÀLIA

Edificio de esbelta nave cubierta de madera y rematada con ábside, obra rústica y lisa contemporánea de las demás iglesias del Valle. Posteriormente se abrieron dos absidiolos contrapuestos en los flancos de la nave central dándole con ello una cabecera triconque. Asimismo se le añadió un pórtico sobre columnas, a partir del punto donde se levanta el esbelto campanario. Este conserva la misma estructura y carácter que los de Taüll y Boí en los pisos superpuestos, indicados por las arcuaciones ciegas, que rematan los paramentos donde se abren las ventanas.

E***

Hs** Noray
☎ 69 60 50
🏠 Casa Ferro
✉ Unic, s/n
☎ 69 40 61
☞ Parc Nacional d'Aigüestortes E***

▲ Planta de Santa Eulàlia.
◄ Exterior de la torre de Santa Eulàlia.

SALARDÙ
SANT ANDREU

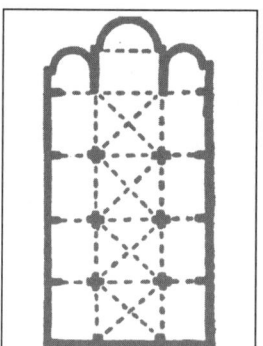

Planta de Sant Andreu.

E** △
Montarto H****
Baqueira Beret ✉
64 44 44 ☎
Tuc Blanc H***
Baqueira Beret ✉
64 53 50 ☎
Deth Païs H**
Pl. de la Pica ✉
64 58 36 ☎
Val de Ruda H*
Ctra. Bonaigua, s/n ✉
64 52 58 ☎
La Santa Creu (3 mayo) ✝
Sant Andreu (30 nov.) 🛡
Unha:
– Cò de Brestet (1580)
– Santa Eulàlia (s. XII)

Vista general de Salardú.

Conserva el tipo basilical de los altos valles pirenaicos, a pesar de ser una construcción del siglo XIII. Las bóvedas de la nave central fueron reemplazadas por bóvedas de ojiva que parten de pilares cruciformes, mientras las colaterales mantienen la bóveda de cuarto de círculo sobre arcos torales. Cobija las naves una cubierta única a dos vertientes, destacada por una cornisa de ménsulas. La portada de arquivoltas molduradas que descansan sobre montantes y columnas, está guarecida con un guardapolvo, bajo un pórtico. Es de notar por su estilización anatómica, la talla escultórica de un bello Cristo en la Cruz, finamente labrada por un escultor del siglo XII.

TREDÓS
SANT JOAN

E*
Orri H***
Ctra. de Tredós, s/n ✉
64 60 86 ☎
Casa Eriva 🏠
Travesia Major, 1 ✉
64 50 59 ☎

La mano del maestro de Pedret se revela en la decoración de la iglesia de Sant Joan, de tradición lombarda, de tres naves con cubierta de madera. Actualmente se conserva en el Metropolitan Museum de New York. La Virgen y el Niño en un trono presiden la media cúpula, donde figuran también los Reyes Magos de la Epifanía, que se acercan a ofrecer sus dones. En los extremos se encuentran los arcángeles Miguel y Gabriel. Desde la cima del centro del arco, desciende la paloma simbólica, que, como en Sorpe, tiene a cada lado los santos Gervasio y Protasio. Los apóstoles se alinearían en la zona intermedia del ábside, pero sólo se han conservado San Pedro y San Pablo. En la bóveda del presbiterio se hallaría el Pantocrator dentro de la aureola circular.

🏠 Casa Micalot
✉ Santero, 16
☎ 64 53 26
☞ Port de la Bonaigua (2.072 m.) ⛰

VALÈNCIA D'ÀNEU
SANT ANDREU

Es una iglesia de una sola nave con cornisa de ménsulas en el ábside. La continuidad pictórica de la tradición románica en pleno siglo XIII, ha dejado en la media cúpula del ábside el tema de la Epifanía. La Virgen sentada en el interior de una mandorla irisada, sostiene sobre sus rodillas el Niño Jesús que recibe el homenaje de los Reyes Magos, que avanzan hacia El. Las figuras que ocupan el hemiciclo, son indescifrables puesto que estan actualmente medio borradas.

E*
H** La Morera
✉ Unic, s/n
☎ 62 61 24
🏠 Casa Campaner
✉ Unic, s/n
☎ 62 62 51
🏠 Casa Sala
✉ Del Mig, 3
☎ 62 62 54
✝ 1.º domingo septiembre
✝ 30 noviembre
⚜ Sant Jaume (25 julio)
⚜ La Mare de Déu (8 sept.)

LA GUINGUETA D'ÀNEU
SANTA MARIA

Antiguo cenobio benedictino en la iglesia de Santa Maria, mencionada en 839, y objeto de litigio entre los condes de Pallars Sobira con el obispo de Urgell en 1088. Reducida a una casa de campo, muestra los tres ábsides con dobles arcuaciones entre lesenas que corresponderían a un plan basilical de tres naves en cuyos muros quedan algunos de los pilares indicando que se cubrirían con bóvedas por aristas, sustituidas en el siglo XVI por una cubierta en madera sobre arcos torales que reducen las tres naves a una sola.

E*
H* Poldo
✉ Ctra. Esterri, s/n
☎ 62 60 80
✝ 2.º domingo julio
⛰ Montcaubo (2.290 m.) ⛰
☞ Espot ⛰:
– Puente románico
– Torre vigía medieval

SANT PERE DE BURGAL

Residencia monástica ya en el siglo IX, la iglesia de Sant Pere fue destinada en 945 por Isarn, conde de Pallars, a una comunidad de monjas regida por una abadesa y cuatro años más tarde sujetada a La Grassa. Las viejas construcciones se modificaron con el nuevo templo que, por su estructura, acusa las primeras décadas del siglo XII, resuelto en aprovechamiento del plan basilical cubierto con armaduras de madera sostenidas por los muros divisorios de las naves arqueados sobre pilares cuadrados. La rusticidad de la estructura contrasta con la nueva cabecera de arcuaciones lombardas en el exterior de los ábsides que corren bajo

E*
☞ Escaló 🏰

una simple cornisa. Como caso singular tiene otro ábside, absolutamente liso al externo que se abre en el muro occidental a doble piso y contrapuesto al ábside mayor. De éste, que va precedido por un espacio rectangular, procede la decoración mural conservada en el Museo de Barcelona, obra del maestro de Pedret, en el que se observa el Pantocrator adorado por dos santos entre los arcángeles Gabriel y Miguel; en la zona entre las ventanas aparecen sentadas en un banco las figuras de la Virgen y de los apóstoles extendiéndose hasta los muros del presbiterio; en la zona inferior una drapería de la que emerge la figura de una mujer con cirio en la mano, acompañada de la inscripción COMITISA, aludiendo a la desconocida condesa de Pallars que debió costear la decoración.

GERRI DE LA SAL
SANTA MARIA

E**
La Oreneta P*
Major, 1 ✉
66 21 12 ☎
Plazoleta de Sant Feliu 📷
y alrededores
Casa de la sal (s. XVIII) 📷
Salinas (s. VII) 📷
16 enero ✟
31 julio ✟
Festival de Música (agosto)
Estret de Collegats
Solduga:
– Santa Coloma
  (románico), templo
  troglodítico E*
– Sant Martí de Solduga
  (románico), templo
  troglodítico E*

El monasterio de Santa Maria había sido fundado en el 807. La iglesia, no obstante, corresponde al edificio consagrado en 1149, fecha en la cual el cenobio había pasado a depender de San Víctor de Marsella. Consta de tres naves y tres ábsides, con el central precedido de un presbiterio. La cubierta de la nave central, un poco más alta que las laterales, se resuelve mediante una bóveda de cañón sobre impostas, de la que surgen también las bóvedas de cuarto de círculo de las laterales. Están separadas por pilares cruciformes que llevan columnas adosadas, que sostienen los arcos formeros de división. Los arcos torales que atraviesan las naves, están reforzados por contrafuertes en el exterior. El ábside aparece decorado con arcuaciones sobre ménsulas espaciadas por medias columnas bajo un friso de dientes de sierra. Precede a la iglesia un atrio cubierto con bóveda de arista y dividido en tres tramos, de los que el central está más elevado que los otros dos.

El monasterio en su emplazamiento.

RUTA 3: **Alt Urgell - Andorra**

LA SEU D'URGELL
SANTA MARIA

Hay iglesias en las que parece percibirse mejor el soplo del pasado.

Una cierta vetustez que no es en absoluto mísera, sino más bien venerable –hasta tal punto se siente en ella el peso de los siglos–, una atmósfera especial en la que cada generación no ha dejado necesariamente su huella –¡gracias a Dios!– y donde, sin embargo, el conjunto del monumento parece evocar el paso de cada una de ellas, una calma, un recogimiento que confieren a estas iglesias un carácter fundamental y permanente, como una anticipación de lo eterno; todo ello se experimenta al entrar en la Seu d'Urgell.

Bien es verdad que el monumento se resiente de influencias extranjeras. Pero expresa ante todo la fe catalana de ayer, de hoy, de mañana. Esta creencia firme y sólida, estalla en himno triunfal en la notable elevación del transepto.

El concepto del plan y la estructura misma junto con los elementos que la integran han producido en la Seu d'Urgell un ejemplar arquitectónico completamente ajeno a la tradición del país. Es distinto de las maneras lombardas que predominan hasta principios del siglo XII, pero es también diverso de las construcciones que desde este momento se afianzan dentro de la evolución arquitectónica que deriva de los grandes centros del románico europeo en las formas que se precisaron en Cataluña según las características locales. Entre las tantas corrientes importadas por los grupos de constructores trashumantes, es un modelo que llega con un arranque inusitado de decorativismo estructural que choca con la austeridad de las formas severas características de la arquitectura catalana. Hay que buscar en Italia un conjunto de soluciones que allí quedaran elaboradas para ensamblarse con aspectos determinados en el juego de los elementos de composición. Las galerías practicables en lo alto del transepto y sobre todo en el exterior del ábside son un resultado de la evolución estructural que transforma los nichos alojados bajo las arcuaciones cie-

H**** El Castell
✉ Ctra. Puigcerdá, Km. 129
☎ 35 07 04
H*** Parador de la Seu d'Urgell
✉ Sant Domènec, 6
☎ 35 20 00
H** Avenida
✉ Av. Pau Claris, 24
☎ 35 01 14
H** Duc d'Urgell
✉ Josep de Zulueta, 43
☎ 35 21 95
H** Nice
✉ Av. Pau Claris, 4
☎ 35 21 00
R Mesón Teo
✉ Av. Pau Claris, 38
☎ 35 10 29

📷 Sagrada Familia
📷 Parc del Valira
📷 Sant Domènec (gótico)
📷 Santa Magdalena (neogótico)
📷 Palacio Episcopal
📷 Carrer Major

✝ Ultimo domingo agosto
⚜ Sant Sebastià (20 enero)
⚜ Sant Ot (7 julio)
⚜ Festival Internacional de Música (1-15 agosto)

gas difundidas por los lombardos. Su forma se hace definitiva en muchas construcciones italianas en el paso hacia el siglo XII y se extiende luego hacia la región transalpina donde también se afianza a mediados de este siglo. La expresión de monumentalidad que presta a la obra constructiva aligerándola en su masa, se conjuga con su aplicación que se hace extensiva a las fachadas al combinarse con la profusión de ventanales sobre el cuerpo de las puertas abiertas en la parte baja. En Urgell se manifiestan estos elementos característicos en el ordenamiento de la fachada, en las galerías interiores que discurren en lo alto del transepto y por el exterior del ábside central, junto con la disposición de los absidiolos embebidos dentro del macizo del muro y además en la forma adoptada por los pilares divisorios de las naves en plan de cruz griega con columnas en cuarto de círculo en los ángulos. Formas y expresiones desconocidas en Cataluña, que no se limitan a sobreponerse a un plan basilical de los que normalmente predominan en las obras del país, sino que dictan la estructura y la imponen con una nueva expresión de valores, siguiendo un modelo importado según el cual se elevaron los muros justificando la intervención de un maestro de obras lombardo que, con su equipo de canteros, fue el encargado para completarlo con el cierre de las bóvedas.

Historia

Urgell fue la sede de la diócesis pirenaica establecida con la organización eclesiástica subsiguiente a la difusión del cristianismo en la baja época romana. A partir del siglo VI son conocidos los obispos que concurrieron a los concilios provinciales de la Tarraconense y que no faltaron con su asistencia a los célebres concilios de la Toledo visigoda.

Su ubicación en la alta montaña mantuvo su supervivencia cuando la invasión árabe penetró en Cataluña, en el año 717, a su paso hacia el otro lado de los Pirineos. Una vez iniciada la reconquista con la intervención de los francos, se hizo célebre la causa del obispo Félix, quien, inculpado de herejía al imputársele ideas adopcionistas que le fueron condenadas, siendo finalmente internado en Lyon en el 799, promovió un intervencionismo de Carlomagno antitético al arraigo visigodo de la diócesis, considerada desde el 785 dentro de las marcas que aseguraban el dominio y la influencia de la cultura franca.

Los hechos coincidieron con la oleada destructora que se ensañó en las comarcas de Urgell durante la incursión árabe del año 793 acaudillada por Abdelmelic a su retorno del fracasado intento de llegar hasta Narbona. La antigua ciudad encastillada quedó sumida en ruinas, desplazándose hacia el llano la población que inició inmediatamente la obra de una iglesia. Compitió a la generación siguiente el levantar un edificio más adecuado a la sede episcopal que fue consagrado en honor de Santa María en el 839. El conde Sunifredo de Urgell, junto con los próceres del país, asistió al acto solemne del que ha quedado el documento conmemorativo. En él se mencionan ciento veintinueve pueblos o lugares del alt Urgell y de la comarca de Solsona, ochenta y cinco de la Cerdanya, treinta y uno del Bergueda, cuarenta y dos del Pallars y dos del Ribagorça, con los mismos nombres conservados hasta el presente que formaron el conjunto de la diócesis, sólo ampliada más tarde con la reconquista en territorios que todavía entonces eran dominados por los árabes.

El núcleo episcopal de Urgell quedó constituido con las tres iglesias típicas: la catedralicia de Santa María, la de San Miguel a su lado septentrional, y la de San Pedro al meridional, además de otra dedicada a Santa Eulalia. Serían construcciones de tipo basilical con las naves cubiertas en armaduras de madera y rematadas en el santuario con cabeceras abovedadas. A principios del siglo XI habían envejecido ante la nueva corriente de adaptación a la uniformidad litúrgica impuesta a través de los monasterios junto con las fórmulas concretas de satisfacerla difundidas por los maestros lombardos. La renovación fue emprendida por el santo obispo Ermengol, impulsor de construcciones, que murió en el año 1035 de una caída del andamio en el puente que hacía construir en el río Bar. Fue obra suya la nueva iglesia de San Miguel, en la que se estableció una comunidad clerical; iglesia desaparecida en el siglo XV al ser entregada a los dominicos que la sustituyeron por otra de mayores dimensiones. Renovó asimismo la de San Pedro subsistente todavía en su cabecera, y también la catedral de Santa María que no pudo ver acabada antes de su muerte, puesto que la consagración fue realizada cinco años más tarde, en el 1040, por su sucesor Eriball.

No se explica que, apenas transcurridos sesenta años desde esta fecha, la iglesia de Santa María fuera calificada de obra ruinosa de tal modo que importó reconstruirla desde los cimientos, a no admitir que la renovación iniciada por San Ermengol sólo se hubiera limitado a aprovechar la vieja construcción introduciendo un cambio radical en la cabecera. Semejante manera de obrar se constata en las modificaciones realizadas por el obispo Oliba tanto en Ripoll como en Cuixá. La documentación relativa a los altares referente a esta época daría que pensar en una cabecera con cinco ábsides.

En torno a estas iglesias tan próximas entre sí no faltaron las construcciones complementarias para residencia del obispo y de los canónigos. Una galilea o atrio fue iniciada en el 1083. Su construcción, que todavía duraba en el año 1119, sugeriría la formación de una residencia claustral anulada más tarde, en el siglo XII, por el claustro actual.

La nueva catedral de Santa María se comenzó a principios del siglo XII. Un documento sin fecha dirigido a sus fieles diocesanos con motivo de un sínodo por el obispo San Odón (1095-1122), hace el llamamiento para llevar adelante la obra anunciando la remisión de dos partes de la pena corporal a los que anualmente contribuyesen a ella con las debidas condiciones espirituales, fijando la aportación mínima que tributarían los más pobres. Señala además la remisión de la otra tercera parte a quienes ofrecieren un sextario de trigo o bien una hemina de éste y otra de centeno y una canada de vino puro. Para organizar mejor en la diócesis la contribución a la obra, fundó una cofradía cuya festividad quedó instituida en la de San Ermengol.

La abundante documentación conservada en este aspecto da a

E***

conocer que las obras habían empezado ya en el 1116 con toda clase de donaciones tanto en dinero como en especie y en animales, mobiliario, posesiones y derechos que se efectúan durante todo el siglo XII.

Pero a pesar de todo, el edificio adelantaba pausadamente. En el 1175 los muros llegaban sólo hasta el arranque de las bóvedas. Entonces la situación económica permitió realizar un esfuerzo y la administración se puso en manos de quien pudo llevarla a cabo. Se estipuló un contrato por siete años con Ramón Lambard, es decir, con un cantero maestro de obras que, junto con otros cuatro lombardos se obligaba a cubrir el edificio, construir el cimborrio y levantar los campanarios a una hilada de piedras por encima de las bóvedas. De nuevo la obra quedó paralizada gracias a las luchas sostenidas entre el obispo y el vizconde de Castellbó seguidas de la invasión y saqueo del año 1195, que dejaron exhaustos el erario del templo y aun disuelta la vida en común de la canónica.

Cuando fue posible una nueva reorganización ya no hubo empresa para ultimar la obra suspendida. Aunque acabada en sus partes esenciales permaneció truncada en los accesorios de torres, campanarios y cimborrio. Los trabajos se limitaron en adelante a lo indispensable para la vida canonical y a las adaptaciones exigidas por el culto y conservación del edificio. La masa arquitectónica sirvió de fortaleza y las partes altas de sobrecubierta se habilitaron en estado de defensa.

Así se mantuvo hasta el siglo XVIII, en que el barroquismo se apoderó del interior de la iglesia, reduciéndolo a una unidad aparente de arquitectura de yeso bajo una uniformidad de cornisamientos sobre pilastras, al revestirse los muros de piedra labrada a partir del 1766. Las campañas de restauración emprendidas desde el año 1918 le han devuelto el sabor y encanto original.

Visita

Para acceder a la Seu d'Urgell se puede tomar la carretera N 260 desde Puigcerdá, o bien la N 145, si se viene de Andorra.

El plan del edificio responde al de una basílica de tres naves cortadas por un transepto sobresaliente a los lados de aquéllas. A los extremos de éste se inician dos poderosas torres que se conjugan con dos torrecillas situadas a los lados de la fachada y con el cimborrio que apenas emerge, inacabado, sobre el tejado en su extensión horizontal cubierta con placas de pizarra.

Los muros compactos construidos con bloques labrados en piedra granítica confieren al conjunto del edificio un aire de fortaleza que se contrae a su propia masa por lo inacabado de las torres y torrecillas que permanecieron truncadas a la altura de los aleros del tejado corrido sobre una cornisa soportada por modillones esculpidos. No le quita esta impresión la expresiva fachada con las tres puertas de ingreso a las naves, y menos todavía el ábside central, único cuerpo sobresaliente en el muro continuo del transepto al exterior de la cabecera.

Para comprender el resultado de este aspecto externo del conjunto de la iglesia no hay más que penetrar en el interior. La nave central se prolonga a través del crucero hasta la apertura del ábside, cubierta con bóveda de cañón seguido apoyada por arcos torales que arranca de una cornisa soportada por modillones con cabezas esculpidas. El transepto la corta perpendicularmente con igual abovedamiento sobre una simple imposta, dando lugar a la formación de una cúpula con nervios, que se eleva en el tramo rectangular de intersección sobre una cornisa sostenida por modillones. Las naves laterales quedan mucho más bajas cubriéndose con bóvedas de crucería. Los pilares divisorios, cuatro por parte, afectan en su sección la forma de una cruz griega, uno de cuyos brazos eleva hacia la nave central los arcos torales del anillado de la bóveda de cañón; los otros dos originan las arcadas de comunicación de la nave central con las laterales, y el restante da el arco toral, que subdivide a éstas en tramos en conjunción con los arcos formeros para originar la cubierta en crucería. Esta se eleva desde los ángulos sobre una columna reducida a un cuarto de círculo alojándose en los rincones del pilar que queda obligado así a afectar en su base un plan octogonal, puesto que las columnas angulares que recaen hacia la nave central sostienen el resalte de los arcos torales de ésta y de las arcadas divisorias de las naves. Es el recurso adoptado en la formación de las bóvedas de nervaduras góticas aun cuando en su aplicación se adelgazaron los elementos de soporte.

Así fue concebida la estructura de la iglesia con un sistema de abovedamientos que ya se realizó en Cardona en el 1040 y que luego fue común en muchas iglesias del siglo XII. La fachada misma indica a cada lado del cuerpo central las pendientes de la cubierta de las

El crucero norte visto desde el crucero sur.

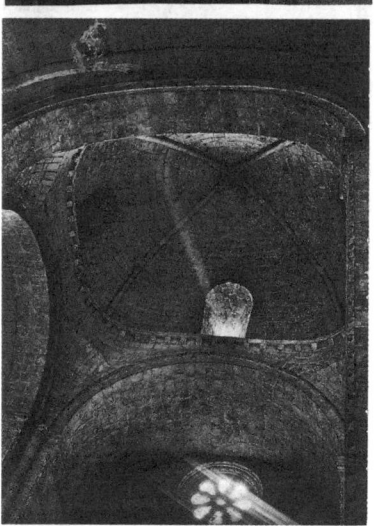

La cúpula del crucero.

colaterales y en los muros externos y más elevados de la central se perciben las ventanas redondas destinadas a iluminar el interior. Pero fue el caso que la mayor sobreelevación adjudicada a la nave central por encima de las laterales desplazó el punto de apoyo que éstas debían prestar al contrarresto de la bóveda de cañón y el resultado fue que los muros y los arcos se deformaron por su empuje. Simultáneamente a la obra de la cubierta tuvo que remediarse esta imprevisión.

Debieron ser los lombardos contratados en 1175 bajo la dirección del maestro Ramón, quienes levantaron los muros externos de las naves laterales para tender desde ellos unos arbotantes en

La torre y la facha oeste.

arcos de cuarto de círculo que contuvieran el muro de la nave central. Pero esto sólo se realizó en el lado septentrional donde quizá la estabilidad ofrecería mayor peligro.

La obra permaneció estancada en los términos estipulados con el maestro Ramón. Las torrecillas que ladean la fachada basadas sobre plan rectangular hasta la altura de cinco hiladas de piedra por encima de la cubierta de las colaterales se sobreelevan en una corta torre octogonal sin rematar. Las anchas torres que se yerguen mochas a los extremos del transepto sobre maciza base rectangular, no se distinguen en su base del paramento continuo del muro y al elevarse en un alto piso permanecen truncadas sin prosecución, dando tiempo sólo a la del lado septentrional de adornarse con un triple juego de dobles arcos ciergos separados por lesenas en los lados más anchos y de dos en los más reducidos. Asimismo, la cúpula que cubre el centro del transepto, originándose sobre plan rectangular, se eleva sobre pechinas en triángulo esférico dando una bóveda de arco peraltado, perforada con cuatro ventanales; caso anómalo, tanto en su plan como en su solución, y de resolución imperfecta, como para salir del paso, que se resuelve exteriormente en un achatado cimborrio poligonal de dieciséis lados. El interior de la iglesia no carece de grandiosidad en su enfoque de las naves hacia la cabecera. Los absidiolos adquieren su prestancia alojados en el grueso del muro, introducidos por una arquivolta sobre columnas cuya imposta se desarrolla en el hemiciclo interior. Se producen en número de dos a cada lado de los brazos del transepto, por debajo de las galerías resueltas en arcos apoyados sobre pilares que alternan con columnas geminadas para recoger la luz que proviene de los tres ventanales del fondo. En el centro se prolonga la nave mediana en un presbiterio al que se abre el ábside mayor por debajo del rosetón. El hemiciclo se ornamenta con arcuaciones en resalte sobre medias columnas adosadas al muro. La arcuación central queda más ancha y se abre por debajo, dando paso a un absidiolo de plan circular obtenido en el espesor del muro y revestido asimismo de arcuaciones en resalte sobre medias columnas.

del que sólo emerge el ábside central. A cada lado de éste se repiten simétricamente en la parte baja las hendiduras que corresponden a la única ventana de los absidiolos y de la base de las torres, y en la parte alta se dibuja la elevación de éstas a los extremos del transepto, además de las triples ventanas en dobles arcos sobre columnas que iluminan la galería. Por debajo del rosetón

Un óculo de la pared sur de la nave.

La ordenación arquitectónica se resuelve entre los huecos de los arcos dentro del ámbito de las naves con el adorno de las columnas adosadas y de las impostas y cornisas, resolviéndose las esquinas de los pilares en chaflanes en escocia rellenos de puntillados de bolas en relieve que festonean la silueta de las aperturas.

El extremo de la cabecera se extiende en un enorme muro liso,

abierto en el hastial entre dos ventanas de larga hendidura, el ábside se anima con el relieve de medias columnas apoyadas sobre un zócalo, dividiéndolo en paramentos en los que alternan las tres ventanas de dobles arcuaciones en los lados y triple en la central. Sobre las columnas corre una imposta de relieve ajedrezado que sirve de base a la galería que discurre en la parte alta en un juego alterno de pilares y columnas geminadas, por debajo de una serie de arcuaciones ciegas, apoyadas en modillones de carátulas sobre las que descansa la cornisa decorada con bolas que señala la línea de la cubierta.

La fachada acusa perfectamente las tres naves con puertas de ingreso en cada una de ellas, las colaterales por debajo de una simple ventana, labradas en arcos en degradación lisos con sólo un crismón labrado en el centro; la central por debajo de tres ventanas más adornadas con arquivoltas entre cuatro grandes carátulas. Un friso en dientes de sierra separa esta parte del hastial recargado en sus pendientes con amplias cornisas molduradas, bajo las cuales se acusan las arcuaciones apoyadas en ménsulas y en dos medias columnas que enmarcan una ventana central de arcos en degradación y dos ventanas circulares: sobre el hastial se eleva un gracioso campanario de plan cuadrado y formado por un basamento y dos pisos, el primero abierto en sus caras con dos anchos arcos sobre columnas y el segundo con tres arcos. Es discutible el remate almenado que se le ha dado en la restauración.

La puerta central tiene dobles columnas alojadas entre los montantes de los arcos en derrame que se producen lisos como las arquivoltas. En los capiteles se distingue a la izquierda el tema de dos leones afrontados y el del personaje vestido con túnica corta entre dos animales simétricos, que retuercen la cabeza con un ramo en las fauces y a la derecha el de una cabeza de león, de cuyas fauces brotan ramajes y el de una composición vegetal de anchas hojas. A la altura de estos capiteles discurre una imposta iniciada a cada parte por un medio cuerpo de león, que retiene una bola con las garras delanteras y terminada la otra con una cabeza de león. En la parte alta y a cada lado de la puerta emergen en figuras casi exentas dos leones vistos de lado, que tienen bajo las garras un personaje abatido y desnudo en actitud de devorarlo mientras otro personaje, también desnudo, pero de menor tamaño, se halla tumbado sobre el dorso de la fiera. Es la misma representación, sin estos últimos personajes, del león que se repite a ambos lados de la parte baja, devorando a un hombre.

Es de gran interés un friso de 0,25 m. de altura que limita el basamento de la fachada sobre la puerta. En él se ofrecen una serie de relieves aislados, que representan a partir de la izquierda: una testuz de carnero ladeada, un dragón, una cabeza de fiera mordiendo el cuerpo de un hombre abatido y con otra cabeza humana al lado, un personaje en actitud de golpear con una especie de martillo, un león que salta sobre la grupa de un animal, dos sirenas-pez, que se cogen los extremos de la doble cola con las manos, dos leones afrontados, un personaje grotesco, un dragón que ataca, una confusa escena de lucha entre guerreros, un animal que vuelve la cabeza hacia un busto humano, un cazador que dispara la saeta con el arco, un personaje agachado, semejante al de los capiteles del claustro, una testuz de león entre foliaciones simétricas y finalmente una cara femenina enmarcada por la cabellera.

Las puertas laterales se resuelven en simples arcos en degradación. Adquiere mayor importancia, siguiendo las formas evolutivas que predominarán hacia el siglo XIII la que comunica con el claustro adornada con profusión de elementos sobre dos columnas a cada lado. En los capiteles de la izquierda aparece el tema de dos leones afrontados hacia el ángulo y a la derecha el de tres bustos de personajes, con las manos apoyadas en el astrágalo, cuyas cabezas penetran en las fauces de león, mientras los dos capiteles del centro son puramente ornamentales con una cabeza en medio de las volutas superiores. La pluralidad de columnas exigida en la estructura de la iglesia, multiplica en ella la presencia de capiteles que, en un principio, quedaron resueltos en base a estilizaciones vegetales y a menudo con anchas hojas simplemente indicadas, que los envuelven hasta un tercio de su altura por debajo de los tallos que se arrollan en voluta. Luego, a medida que adelantó la obra, se enriqueció algo el repertorio, animándose con figuraciones de leones y de personajes que los enlazan o son devorados por ellos, de simios agachados y de bustos humanos que emergen del follaje del capitel. Con ello se había entrado de lleno en el temario predominante de los obradores escultóricos que labraron el claustro con una misma unidad de escasa inventiva.

El claustro

Se extiende al lado meridional de la iglesia. Afecta un plan ligeramente rectangular y consta de una sola hilera de columnas unida por pilares a los ángulos. Los arcos, labrados con bordes redondeados, se alojan bajo arquivoltas con cantos en escocia, decorados con bolas que arrancan directamente de las impostas. Queda muy reducida la altura del muro, que pronto desaparece bajo el alero de la cubierta en madera y placas de pizarra, apoyada por arcos transversales en los ángulos de las galerías. No es la galilea que se construyó entre 1083-1119 ante la primitiva iglesia, sino que fue edificada con posterioridad a la actual por cuanto modificó el plan previsto de construir un simple pórtico ante la puerta lateral que comunica con el claustro. Pero no con mucha posterioridad a la misma iglesia, si se tiene en cuenta que hay una continuidad escultórica que evidencia la presencia de los mismos obradores. Desde 1245 se hacen constantes las disposiciones de sepultura en su ámbito, lo que induciría a verlo terminado algún tiempo antes.

El claustro conservó todo su carácter hasta 1603, en que la galería oriental fue suprimida al ser sustituida por los grandes arcos de piedra labrada que todavía subsisten. El plan de renovar las galerías restantes según este módulo se impuso en 1781, pero por fortuna los acontecimientos de la época impidieron llevarlo a cabo.

La simplicidad del conjunto crea un patio recoleto y ancho en el que las galerías adquieren esbeltez y majestad por las excelentes proporciones de los elementos que las integran. Son del mismo tipo todas las bases sobre las que descansan las columnas cilíndricas, entre las que sólo se intercalan tres de sección octogonal. Las impostas son de molduraje liso y raras veces van decoradas.

Los capiteles quedan en número de cincuenta, labrados con gran rusticidad debido a la resistencia de la piedra granítica que no permite el cincelado perfecto.

Su factura lleva las huellas de los canteros roselloneses que intervinieron en la obra de la iglesia. Su influencia llegó hasta la portada de Guils y en la de Covet aparece cierta fórmula semejante en los capiteles con otras analogías, que daría a pensar en alguna relación de ésta con Urgell, explicable a través del operario encargado de las obras: Raimundo de Covet, en 1192.

De los cincuenta capiteles, veintitrés son puramente ornamentales y los restantes veintisiete figurados. No aparece ningún capitel historiado, como si la obra

se hubiese dejado exclusivamente a la iniciativa de los escultores según los modelos que éstos tenían a mano. Por cierto que su repertorio no era abundante, como ya se echa de ver en la labor ejecutada en el cincelado de los capiteles que coronan las columnas de la iglesia y de sus puertas, y de los ventanales del transepto y de la misma fachada.

Los de tipo ornamental no llegan casi nunca al detalle de las foliaciones. Estas quedan esbozadas en su forma y reducidas a hojas angulares que rematan en punta poco sobresaliente o que se arrollan ligeramente por debajo de las del segundo plano, al estilizarse en una pequeña voluta en los ángulos superiores. A veces se animan con cabezas de las que penden tallos foliados o ramajes. Es siempre una misma fórmula que suministra variaciones de mayor o menor expresión en los elementos de que se nutre y según como se combinan.

Entre la serie de los figurados, sólo una vez se recurre al tema de los grifos y al de las arpías, y dos al de las águilas. La fauna preferi-

El crucero, el brazo norte y el brazo sur, vistos desde el colateral sur.

La abertura del crucero y el brazo sur, vistos desde la extremidad de la nave.

El coro.

Vista axial de la cabecera.

da es la de leones que ya inundan las esculturas de la fachada y parte de los capiteles de la iglesia. Leones aislados o afrontados o con sólo las cabezas emergiendo entre follajes; leones simétricos entre personajes, sin que aludan a Daniel sino simplemente presentados como tema decorativo, royendo las rodillas de hombres sentados o engolando sus cabezas dentro de las fauces. La temática más característica viene constituida por figuraciones de personajes agachados en cuclillas, vestidos o desnudos, que, si bien derivan del hombre que enlaza los tallos, se hacen independientes de éstos y levantan los brazos como atlantes o apoyan las manos sobre las rodillas y se transforman en ridículos simios o diablos con alas. En otros casos, los personajes emergen el busto de un friso inferior de hojas en las que apoyan las manos, si no es que también las levantan en alto o se las ponen en jarras a la cintura. Entre ellos se intercala un intento de figura femenina desnuda, que el escultor vuelve de espaldas y con la cabeza mirando hacia atrás, abrazada a la masa del capitel o engolada en las fauces de un león. Sólo excepcionalmente comparece un capitel con músicos que suenan un instrumento de cuerda.

Relieve en la fachada oeste sobre el portal: un león demoniaco devorando a hombres.

La galería septentrional se inicia a la izquierda con un capitel de diablos agachados, con las manos sobre las rodillas y cortas alas extendidas. Sigue el personaje vestido con túnica que enlaza los tallos que se curvan hacia el centro. Después de un capitel ornamental, el inmediato ofrece cuatro personajes emergentes con las manos apoyadas sobre las hojas

Vista exterior de la galería superior del ábside central.

del friso inferior, dos de ellos con barba y los otros dos imberbes, entre cabezas de fiera en medio de los tallos; los personajes se reducen a simples bustos en el centro de las caras bajo una imposta adornada con flores estilizadas. El tema de los grifos, de pie con alas cortas y cuerpo de cuadrúpedo, se produce con cabezas comunes a los ángulos. Viene luego un capitel abrazado por cuatro cuerpos desnudos de muchacha vistos de espaldas y que vuelven la cabeza, teniendo un ramo en la mano, que se repite y completa en el capitel inmediato en que ellas aparecen engoladas por fauces de leones. En el siguiente apenas son indicados cuatro leones, de los que sólo aparece la cabeza, con un hombre que pasa en medio, vestido con túnica corta ceñida, que coge a uno de ellos por la oreja y a otro por un anillo, o bien con las manos introducidas en las fauces de las fieras, vuelven los leones de cuerpo simétrico y cabeza vuelta hacia atrás enlazados por personajes situados en los ángulos, que alternan o cogiéndoles por el cuello o por las colas. Cuatro águilas simétricas de alas desplegadas ocupan los ángulos del capitel inmediato por debajo de las volutas. Siguen las figuras de simio agachado con las manos sobre las rodillas y después de un capitel ornamental de tres anchas hojas por cara, asoman en los ángulos del siguiente bustos de leones separados por dos tallos enroscados. Otro capitel ornamental de hojas rematadas en bola precede al último, revestido a los ángulos por figuras de arpías con cabeza humana, cuerpo de pájaro y alas desplegadas.

La galería occidental tiene comienzo con dos capiteles ornamentales. Sigue el tema de los personajes que emergen de un friso de tres hojas y levantan las manos en alto. Vuelven los simios agachados con las manos sobre las rodillas, que después de un capitel ornamental con cabezas de león al centro, contrastan con los personajes vestidos agachados que levantan las manos hacia el ábaco. Se produce fuera de la temática común la representación de los cuatro músicos, sentados, vestidos con túnica, de cabellera flotante y barba, que hacen sonar un instrumento de cuerda apoyado en el pecho. Luego retorna otro ornamentado con cabezas de cuyas fauces penden dos tallos que se arrollan en hojas. El inmediato vuelve a los personajes emergentes sobre las hojas con las manos apoyadas al flanco y cabelleras flotantes. Es más movida la composición formada por personajes que cabalgan leones a los ángulos, con el espacio central intermedio ocupado por bustos de personajes que se llevan las manos a la cabeza. Después de dos capiteles ornamentales retornan los personajes emergentes sobre hojas que enlazan una especie de colas de serpiente, a los que siguen otros dos capiteles ornamentales. Viene luego el tema de los personajes sentados, vestidos con túnica, que levantan las manos a los lados de una cabeza que asoma entre volutas. A ellos sigue un capitel ornamental y finalmente el que cierra la galería se decora con un personaje sentado, con las manos cogidas en las volutas, que tiene a cada lado un león mordiéndole las rodillas.

En la galería meridional después de un capitel ornamental se produce el tema de personajes emergentes del astrágalo, con las manos recogidas sobre el pecho al enlazar las patas delanteras de leones que engolan sus cabezas. Sigue un capitel de tres hojas y otro de dos con foliaciones aplicadas por debajo del cruce de los caulículos. Es más cincelado el capitel que se llena con un doble juego de leones estilizados combinados con cabezas comunes a los ángulos y colas levantadas. Se sale de la serie ornamental el inmediato que arrolla unos vástagos en foliaciones. Son de decoración más simple los dos que siguen, precediendo al inmediato con figuras de personajes sentados y vestidos con túnica que tienen los brazos levantados. Sigue un capitel ornamental de dos anchas hojas en voluta con otras dos aplicadas por debajo de los caulículos superiores, tema que se simplifica todavía en el siguiente. Las foliaciones, al combinarse con cabezas de leones a los ángulos y en el centro de las caras proporcionan un nuevo tipo de capitel que se complementa con tallos arrollados. Sigue la repetición de las figuras de los simios agachados en posición burlesca cogiéndose la oreja sobre un fondo de simples entrelaces. El penúltimo se decora con figuras angulares de águilas de alas desplegadas que tienen las

◄
Columnas de la galería oeste del claustro.

◄◄
El claustro y la elevación exterior sur de la catedral.

garras sobre serpientes que se entrelazan. Es ornamental el último capitel con cabezas de leones en el centro de las caras en el punto donde se doblan las hojas. Desde este punto discurre la galería oriental, según el resultado de la sustitución realizada a principios del siglo XVII.

Dimensiones

Catedral

Longitud total de la obra	56,00 m.
Longitud del transepto	53,50 m.
Anchura del transepto	7,00 m.
Anchura total de las naves	23,50 m.
Longitud de la nave central	34,00 m.
Anchura de la nave central	9,00 m.
Anchura de las naves colaterales	6,00 m.
Longitud del coro	3,40 m.
Anchura del coro	7,75 m.
Abertura del ábside	6,74 m.
Profundidad del ábside	3,15 m.
Abertura de los absidiolos	4,00 m.
Profundidad de los absidiolos	1,80 m.
Altura de la nave central	17,60 m.
Altura de las naves colaterales	11,20 m.

Claustro

Dimensiones del patio:	
lado meridional	24,20 m.
lado occidental	28,00 m.
lado septentrional	25,00 m.
lado oriental	26,80 m.
Anchura de las galerías:	
meridional	4,00 m.
occidental	4,20 m.
septentrional	4,40 m.
oriental	4,00 m.
Altura de las columnas	1,30 m.
Capiteles	0,49 x 0,49 x 0,50 m.
Abacos	0,69 x 0,69 x 0,18 m.
Basas	0,48 x 0,48 x 0,48 m.

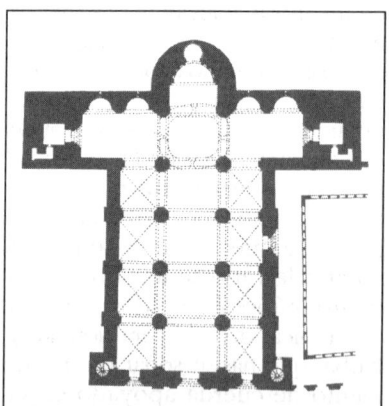

Planta de Santa María.

Planta de Sant Vicenç.

E*

Sant Vicenç de Pinsent

ESTAMARIU
SANT VICENÇ

De apariencia arcaica, más por la disposición de su plan que no por su estructura, la iglesia de Sant Vicenç conserva el plan basilical cubierto en madera sin indicios de haber poseído bóvedas. De las tres naves rematadas en ábside no se ha conservado la septentrional con su respectiva absidiola. La otra es absolutamente lisa al exterior mientras el ábside presenta dos arcuaciones entre lesenas que enmarcan las ventanas alargadas, todo según un concepto que es común en el primer cuarto del siglo XII en la supervivencia del estilo. Procedente de esta iglesia se conserva en el Museo de Barcelona el baldaquín pintado de últimos del siglo XIII, siguiendo características de la tradición románica.

SANT SERNÍ DE TAVÉRNOLES

Una iglesia dedicada a San Saturnino consta en 806 en el lugar actual de Anserall, cerca del límite con Andorra. Su origen monástico le atrajo donaciones de los condes de Cerdanya y más tarde de los de Barcelona y Urgel. La iglesia fue nuevamente construida y consagrada antes de 1040 por Eribal, obispo de Urgel. De ella queda en pie la cabecera junto con el crucero y parte de los muros, hallándose en ruinas el resto del edificio. El plan basilical de tres naves divididas por pilares cuadrados se cubría con bóvedas espaciadas por arcos torales en la central y con las paredes laterales adornadas al interior con arcos formeros. La singularidad de la construcción estriba en el crucero rematado por formas absidadas que brotan al extremo de los muros laterales combinándose con la graciosa cabecera de forma triconque desarrollada al fondo de un espacio rectangular que lleva adherido al lado de la epístola la base circular de la torre campanaria. Los tres ábsides se abren en el semicírculo de cierre de la nave principal, de iguales proporciones los laterales, mientras que el central, con un mayor desarrollo externo, forma en su interior un reducido espacio rectangular cubierto con bóveda de arista y con tres absidiolas obtenidas en el espesor del muro. La elegante distribución de las masas en las absidiolas que brotan del ábside central conjugándose con la diversidad de alturas existentes entre las naves y los ábsides de remate en el crucero prestan al edificio una nobleza original dentro de la fusión de tan variados elementos. La estructura, resuelta según la típica manera lombarda, no escapa empero de la estricta servidumbre funcional que ofrece, como en las obras más características, los resaltes de adorno exterior constituidos por las pequeñas arcuaciones divididas por lesenas que corren por debajo de los aleros de la cubierta desde los ábsides a todos los paramentos de los muros. Una simple ventana a doble derrame perfora el fondo de cada ábside.

E**

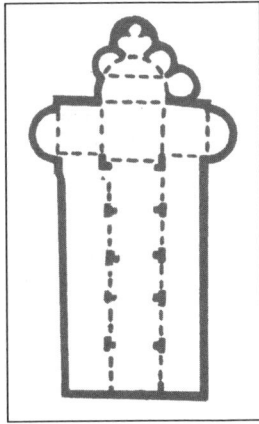

Planta de Sant Serní.

SANTA COLOMA DE ANDORRA

La iglesia prerrománica de Santa Coloma, con cubiertas de madera y flanqueada por la graciosa torre circular de su campanario tenía el interior del santuario decorado con pinturas que pasaron en gran parte a colecciones particulares. La bóveda de cañón estaba partida longitudinalmente en dos zonas iguales. La del lado del Evangelio estaba decorada con el Pantocrator rodeado del Tetramorfos. La otra, con las figuras de seis apóstoles situadas debajo de arcuaciones. Estas proseguían en el muro de la cabecera para cobijar a la Virgen, San Pedro, San Pablo y la titular, Santa Coloma, con un cetro y una vasija en las manos. En el espacio situado sobre la ventana central estaba representada la paloma, símbolo del Espíritu Santo. En el intradós del arco triunfal, unas orlas enmarcaban dos santos nimbados y hacia el

E*

H** Cerqueda
✉ El Cedre
☎ 202 35

H** La Roureda
✉ Av. d'en Clar, 18
☎ 206 81

📷 Castillo de Sant Vicenç (en ruinas)

exterior los Santos Gervasio y Protasio. Los únicos restos decorativos conservados «in situ» en la parte alta del arco, muestran el Cordero Místico sostenido por dos ángeles. El cortinaje inferior llevaba medallones ornados de figuras y de animales.

ANYÓS

E*

Algunos fragmentos pictóricos procedentes del ábside, pasaron a colecciones particulares. Representan a la Virgen María levantando el cáliz entre unos apóstoles del grupo que decoraría el hemiciclo. Es obra del maestro que decoró las iglesias de Andorra hacia el tercer cuarto del siglo XII.

ORGANYÀ
SANTA MARIA

E*
La Cabana P*
Doctor Montaña, 2 ✉
38 30 00 ☎
Tres Ponts P*
Ctra. de la Seu d'Urgell, s/n ✉
38 30 92 ☎
Can Jesús R
38 30 68 ☎
El Portal R
Ctra. de la Seu d'Urgell, s/n ✉
38 30 27 ☎
Homilies d'Organyà 📷
Núcleo urbano (medieval) 📷
15 agosto ✝
Concurs de Carrosses (17 enero) 🎭

Los señores del valle de Cabó fueron los protectores de la iglesia de Santa Maria, construida durante el pontificado de San Ermengol, obispo de Urgell, por Isarn, con destino a colegiata. Pero pasaron largos años injustamente retenida y con las rentas dilapidadas hasta que un incendio la perjudicó, consumiendo el altar y el arca donde se contenían los paramentos sagrados, libros y escrituras. Todo ello motivó una renovación de la iglesia que fue consagrada en 1090, al mismo tiempo que en ella se establecía una canónica agustiniana, cuando Guitard, el nieto de Isarn, redotó la fundación. Aunque actualmente está muy modificada, responde al plan basilical de tres ábsides en los que aparecen las dobles arcuaciones entre lesenas corriendo bajo una cornisa formada por dientes de engranaje. A principios del siglo XIII le fue añadida una portada.

COLL DE NARGÓ
SANT CLIMENT

E***
Tabussa R
Ctra. de Isona, s/n ✉
38 30 74 / 38 34 60 ☎
1.ª semana julio ✝
Valldarques ⛰: ☞
- Sant Romà (románico) E*
- Roure de Remolins
- Salt del Boter
- Castillo

Parroquia intitulada a San Clemente y mencionada en 839. La iglesia debió de ser renovada a principios del siglo XI en el plan de una nave con ábside, cuyos cimientos quedan al lado del actual, que tuvo que ser construida a fines del siglo con un plan idéntico cubierto con bóveda semicircular apoyada por arcos torales. El ábside se adorna con dobles arcuaciones entre lesenas que también revisten el paramento del muro occidental con ventana crucífera al centro. Es interesante la torre del campanario apiramidado hasta su mitad inferior, del que emergen dos pisos con dobles ventanas en el superior, enmarcadas por resaltes bajo arcuaciones.

RUTA 4: Solsonés - Segarra - Urgell

SOLSONA. MUSEO DIOCESANO
CASSERRES: IGLESIA DE SANT PAU

La iglesia de Sant Pau, que los canónigos agustinianos edificaron en el Bergada, en el siglo XII, es de una sola nave. Hay al fondo del muro de la derecha un arcosolio en arco apuntado, seguramente destinado a dosel de un altar. En el luneto del fondo emerge el busto de Cristo, con los brazos levantados, entre dos personajes de menor tamaño que salen de un sepulcro. En el intradós del arco, el Cordero Místico y dos grupos de ángeles tocando largas trompetas. En la parte baja del arcosolio se ha representado a Cristo descendiendo al Limbo y la escena del Monte Gargano (Italia). En el paramento exterior se desarrolla el tema del Pecado Original al lado de otra escena perdida, y sobre el arco un ángel turiferario, y un dragón en el otro lado. En los pilares de resalte que enmarcan el arcosolio, hay en grandes figuras: San Pablo de Narbona acompañado de un acólito y San Cristóbal. Es una obra característica del maestro de Lluçanès, de mediados del siglo XIII que se conserva en el Museo Diocesano de Solsona.

E*** ✳ 🏛
✉ Pl. Palau, 1
☎ 48 21 01

H*** Gran Sol
✉ Ctra. de Manresa, s/n
☎ 48 09 75
R Krisami
✉ Ctra. de Manresa, Km. 51
☎ 48 04 13
R Gran Sol
✉ Ctra. de Manresa, s/n
☎ 48 10 00
R La Cabana d'en Geli
✉ Ctra. Sant Llorenç, s/n
☎ 48 29 57
R El Trabucaire
✉ Av. del Pont, s/n
☎ 48 00 27

▲ 1.ª El Solsonès
✉ Ctra. de Sant Llorenç, Km. 2
☎ 48 28 61

📷 Catedral de Santa Maria (románico) E***
📷 Casa de la Ciutat (s. XVI) E**

✝ Mare de Déu del Claustre (8 septiembre)

🛡 Sant Antoni Abat (sábado posterior al 17 enero)

🛡 Sant Pere Màrtir (29 abril)

Angel del juicio tocando la trompeta.

PEDRET: IGLESIA DE SANT QUIRZE

La iglesia de Sant Quirze de Pedret, aparece mencionada en el 893. Sería una construcción modesta que, más tarde, se amplió mediante estructuras prerrománicas de un ábside poligonal cubierto con bóveda y flanqueado por dos absidiolos, de planta de arco de herradura; a semejanza del arco que abría los ábsides y de los arcos que soportaban la cubierta de madera de las naves. De la decoración primitiva situada en el testero de la capilla mayor provienen las representaciones singulares actualmente conservadas en ella. En un lado de la ventana se encontraba la representación de un personaje barbado con los brazos abiertos, puesto dentro de un círculo, encima del cual hay un pájaro con las alas explayadas. En el otro lado aparecía la segunda representación cuyo tema estaba resuelto mediante una cruz de brazos triangulares alrededor de un círculo, dentro del cual un caballero enarbola un estandarte colgado en la punta de una lanza. Le sigue un perro y una figura a pie de reducido tamaño. Sobre la cabeza del caballero aparece una cruz ante la cual hay un pavo real que lleva a su espalda otro pájaro más pequeño. Al lado de la cruz, un clérigo con un libro en las manos y, al otro, un personaje que se arrodilla cerca de una hoguera. Pijoan ha creído que estos temas eran alusivos a la cruzada del Santo Sepulcro. No obstante, están ahí como un enigma, que la rusticidad de su ejecución no permite descifrar ni situar en el tiempo. Según parece, serían de la misma época que la figura de Cristo en Majestad rehecha en el siglo XII y que se hallaba pintada en la pared de la nave; la despojaron de las vestiduras que la cubrían y le cerraron los ojos. Es en esa época cuando se procedió a una renovación del edificio, doblando los muros que debían soportar la bóveda, lo cual motivaría una nueva decoración, sobre la primitiva. Al fondo de la cabecera del santuario central se aprovechó para desarrollar la visión del Cordero Místico, entre las siete lámparas y el libro sellado, colocado sobre el trono. Los veinticuatro Ancianos, en tres filas superpuestas, vistos de perfil y sentados simétricamente en sus tronos respectivos, con la cítara sobre las rodillas y las coronas gemadas suspendidas encima de sus cabezas. Los cuatro jinetes del Apocalipsis corrían a lo largo del muro del lado de la Epístola detrás de un serafín que introducía el grupo de los Bienaventurados, con una espada clavada en el pecho. En el lado del Evangelio, un ángel inciensa un altar, bajo el cual aparecían las almas de los mártires sentados a la mesa, y más abajo se veían los Bienaventurados. En el derrame de la ventana central estaba representada la mano de Dios y dos gallos inscritos en unos círculos. El Pantocrator llenaba toda la bóveda, rodeado de los símbolos de los Evangelistas. Seguían en el intradós del arco, Caín y Abel ofreciendo sus dones y un personaje llevando un hacha, fragmento de una escena incompleta que podría ser la del fratricida. La decoración continúa todavía hacia el exterior del arco, en el ámbito de la nave, con la repre-

Frescos del ábside: una virgen.

sentación del sacrificio de Abraham a un lado y en el otro, una escena de la que sólo resta un guerrero. En la zona más baja, la figura sedente de un juez en un pomposo trono, que condena a San Quirico y a Santa Julita, cuyo martirio aparece representado en el otro lado. La greca que enmarca estos temas se separa para dar paso a unos magníficos bustos de santos: Juan y Pablo, Celso y Nazario, Gervasio y Protasio, de culto eminentemente milanés. Toda esta decoración ha pasado al Museo de Solsona. Sin embargo, en el Museo de Arte de Cataluña de Barcelona se puede ver la que corresponde a los dos absidiolos. En el lado de la Epístola se hallan representadas las vírgenes prudentes, y las vírgenes fatuas situadas a cada lado de la ventana central. En el espacio circular bajo la bóveda de cascarón, la Virgen y el Niño sentados en un escabel dentro de un medallón circular con gemas. Las vírgenes, ataviadas con ricas vestiduras, llevan una corona sobre la cabeza, en el momento de ofrecer sus lámparas, todavía encendidas, a Cristo, quien las invita a sentarse en el banquete servido por un ángel. Este, al mismo tiempo cierra la puerta a las vírgenes fatuas que llevan sus lámparas boca abajo. La Iglesia, personificada en figura de mujer en actitud de hablar y llevando un libro en la mano, está sentada sobre un edificio con cubierta a dos vertientes y adornada de una cruz en cada extremo. De la decoración del intradós del arco se conserva solamente la figura de San Gregorio sentado ante su escritorio. Del otro absidiolo solamente se conserva la representación de un grupo de cuatro apóstoles que formarían parte de la escena de Pentecostés. Todo este conjunto revela la presencia de un maestro hábil que dominaba una paleta brillante y que se sentía capaz de infundir en la composición un sentido narrativo nuevo, sin abandonar, por tanto, la fórmula bizantina en la cual desarrollaba su arte. Las analogías de su estilo con obras del Norte de Italia a principios del siglo XII, permiten concluir que el artista procedería de esta última región. Hecho que confirmaría el repertorio iconográfico utilizado por él y que es tradicional en el país de origen.

Otra virgen.

OLIUS
SANT ESTEVE

Existía la iglesia dedicada a San Esteban desde el siglo X en el castillo donde el conde de Urgell tuvo uno de sus palacios. Los fieles la derribaron para erigir otra mejor, consagrada en 1079 por el obispo Bernardo de Urgell. Consta de una nave con bóveda de cañón rematada en ábside decorado al exterior por tres arcuaciones entre lesenas y al interior precedido por un presbiterio mediante dos arcos formeros apoyados sobre medias columnas realizadas con pequeños bloques. Por debajo de este ámbito se extiende una cripta semejante a la de Cardona, cubierta con bóvedas de arista sobre columnas. Es de época muy posterior el campanario de torre.

E**

◉ Cementerio (modernista)
◉ Caserón de la Torreta
✛ Invenció del Cos de Sant Esteve (1.º domingo agosto)

MADRONA
SANT PERE

E*
Castell (en ruinas) 📷
Santes Creus (románico) 📷

La iglesia del castillo, intitulada a San Pedro, pasó al dominio de Solsona en 1102 por donación del conde de Urgell. Tuvo que ser construida en este tiempo bajo el influjo de las formas lombardas de la comarca. Es de una nave obrada en pequeños bloques cuidados y ábside decorado con dobles arquerías que descansan sobre medias columnas. Tuvo cripta cuyos capiteles se conservan en el Museo Diocesano de Solsona. En uno de ellos se lee el nombre del escultor MIRUS ME FECIT.

CELLERS
MONESTIR DE SANT CELDONI Y SANT ERMENTER

E*

Planta de la cabecera.

Es curiosa la disposición del plan reducido a una cabecera triabsidal sin la nave. Con la particularidad de albergar en el grueso del muro dos pequeños absidiolos, uno a cada lado del ábside, y una cripta que tiene bajo el espacio de éste, tres naves sobre columnas cubierta con bóveda de arista. La estructura rústica de paredes lisas se cubre con bóveda de ojiva en el tramo intermedio. La pared del frontispicio es de sillares más trabajados, con una abertura característica.

AGRAMUNT
SANTA MARIA

E**
Kipps H**
Ctra. de Tarragona ✉
39 01 42 / 39 08 25 ☎
Blanc i Negre 2 R
Ctra. de Cervera ✉
39 12 13 ☎
Fonda Cric R
Pl. del Pou, 4 ✉
39 01 09 ☎
Casa de la Vila (s. XVIII) E* 📷
Casco antiguo 📷
Museu Municipal 📷
Mare de Déu del Socors ✝
(domingo posterior al 8 septiembre)
Sant Isidre (15 mayo) 🛡
Sant Joan (24 junio) 🛡

Iglesia de tres naves rematadas por un ábside, construida según los métodos provenzales, manifiestos en los detalles de los escalonados pilares, en la sección de los arcos y en la decoración de los ábsides. Hecho confirmado por las marcas de canteros, y, sobre todo, por los nombres de los escultores A. Sartre, R. de Milavel y M. de Mezes, grabados en los capiteles del interior. Las naves están cubiertas con bóveda de cañón apuntada sobre arcos torales y nace en las impostas molduradas, que también circundan los pilares. Los absidiolos son lisos en el interior contrastando con el ábside decorado con arcos sobre columnas, mientras en el exterior se resuelve con arcuaciones lombardas, que alternan sobre columnas y ménsulas en el central y en ligerísimas lesenas, en los laterales. La portada es una obra magnífica, que se adscribe a los talleres de Lérida, y está formada por multitud de arcuacio-

Detalle de la portada.

nes sobre montantes y columnas. La primera arcada, o arquivolta, contiene seis vírgenes que llevan un libro en la mano y un vaso de perfume. En la segunda sobresalen figuras nimbadas en el centro de las volutas de una guirnalda. En la tercera aparecen dieciocho figuras femeninas coronadas, llevando unos libros abiertos o cerrados, excepto una de ellas que sostiene un niño sobre la rodilla. En la última hay una hilera de personajes vestidos con ceñida túnica. En el dintel de la puerta, sentada en un trono, la Virgen y el Niño, hacia los que se acercan los Magos de la Epifanía; la escena de la Anunciación, en el otro lado. Una inscripción recuerda que este grupo fue colocado por los tejedores de la villa en 1283. La obra de la iglesia estaría acabada unos decenios antes. Se inició su construcción a partir de 1163, fecha en la que la villa recibió las primeras franquicias. Otra portada lateral tiene también las arquivoltas decoradas con molduras planas. Es ya del siglo XV el campanario según indican los calados góticos de los ventanales.

Objetos y estatuas

De forma excepcional, hemos reservado en esta obra un capítulo para los objetos litúrgicos y las estatuas porque estas riquezas del arte catalán nos han parecido, no solamente esenciales, sino también indispensables en el plan de conjunto de la colección que sólo por su totalidad podrá, si Dios quiere, ofrecer alguna idea de la invención románica en todos los terrenos.

El tapiz de la Creación de Gerona, los objetos litúrgicos del Museo de Vic, las estatuas de los Museos de Barcelona, Vic, Solsona, Gerona, aquellas que han permanecido en las iglesias (la Moreneta de Montserrat, la Virgen del claustro de Solsona) son testimonios incomparables del arte y de la espiritualidad de la época románica: constituyen una prueba de que ningún ámbito de la religión, de la vida, escapaba a esta cualidad que nos sorprende en los más grandes conjuntos –y no falta en los detalles–.

La Cataluña románica resume la asombrosa variedad del arte románico.

Examinando la documentación de la época –ya sea la relacionada a las donaciones y a los inventarios, o bien la que se halla diseminada en las escasas descripciones y en los textos literarios que se han conservado–, nos sentimos seducidos por la evocación de un mundo insospechado: el de los innumerables objetos de valor, utilizados para el culto cotidiano. Telas de fastuosos tejidos utilizados para la indumentaria litúrgica, para tapicería y cortinajes; pequeñas joyas, piedras preciosas, incluso, juegos de ajedrez de cristal, vasos, jarros, vajillas, arcas de marfil de morescos cincelados y cofres de madera pintada, cuero repujado o cubiertas de esmaltes; objetos de lejanas procedencias, importadas a menudo de los mismos centros de producción, regalos de fastuosas embajadas e incluso tomadas como simple botín de guerra. Piezas que los señores tenían en gran estima y de cuyas piezas solían desprenderse, de vez en cuando, para dejarlas como legado a las iglesias, las cuales venían a aumentar su tesoro.

Constituían este tesoro los objetos indispensables al culto, los vestidos litúrgicos, las piezas de mobiliario de las iglesias, los cálices, los candelabros. Junto a

▶ Creación de Eva.

▶▶ Adán da nombre a los animales.

▲ Dios creador y creación de los animales.

▲▲ El Espíritu Santo.

▶ Un viento.

▶▶ El mes de mayo.

Tapiz de la Creación (conjunto).

El sol y la luna.

El día.

piezas nobles, se hallaban otras piezas que eran simples imitaciones en materiales más pobres, que los artesanos producían en cantidad, a medida que se desarrollaba su habilidad y su maestría. Los temas que aparecen proceden, a menudo, de su propio repertorio. Ello se pone de manifiesto en algún que otro detalle ornamental, que muestra y revela toda la extensión de sus formas en su inmensa variedad. La pintura decorativa, y, sobre todo los relieves esculturados, se inspiraron principalmente en los tejidos y en los marfiles. De ellos sacan un mundo fantástico donde convergen motivos arcaicos y temas de origen oriental, que son interpretados de forma espontánea y casi despojados ya de su significación original. Su materia, precaria, lo mismo si se trataba de piezas de oro o de plata, fáciles de fundir, o poco durables cuando estaban sujetos al desgaste de su utilización, ha conspirado siempre contra su permanencia a lo largo del tiempo. Han sido víctimas también de los cambios de gusto y de las concepciones estéticas, pues la evolución de la creación artística ha conocido en cada época constantes renovaciones.

Es por ello realmente sorprendente cuando aún se ven emerger del naufragio de los siglos, escasos vestigios de un pasado, esparcidos por distintos lugares, bajo formas de objetos frágiles e inestables, en relación con la piedra. Da gusto poder admirarlos en su auténtica realidad. Los coleccionistas se los discuten, y los museos los recogen. La presencia de este material constituye, en efecto, un testimonio inapreciable y nos enseñan muchas cosas: los itinerarios de las influencias artísticas más diversas; la interferencia de culturas opuestas y, sobre todo el móvil de selección que incitó a retirar del uso diario algunas piezas para investirlas de la dignidad que supone el destinarlas a una función sagrada, en tanto que objetos destinados a las necesidades de la liturgia. Más humildes, más modestas que las obras de arte mayores, nos enseñan y nos revelan el decoro y las costumbres de una vida, asentada y fijada en su intimidad diaria.

Objetos litúrgicos

La fama indiscutible y la estimación que tuvieron los tejidos orientales, bizantinos, alejandrinos o sirios a causa de su fastuoso valor ornamental, fueron heredados en parte por los tejidos hispanos. Producidos por los árabes, se confeccionan con gran abundancia desde el siglo XII, en competencia con los de Palermo. De la tradición de los más antiguos, nos llegan los motivos constituidos por representaciones de animales fantásticos dentro de círculos formados, a veces, por amplias franjas de variada ornamentación. Grifos, leones, águilas, pavos reales, pájaros entre árboles estilizados, en múltiples variaciones decorativas, afrontados simétricamente, a veces en lucha entre ellos o bien combinados con la figura humana. Los capiteles de los claustros y de los pórticos de las iglesias se inspiraron muy servilmente en este temario, cuyos modelos se encontraban al alcance de los escultores, temas utilizados a menudo en el mismo vestuario de la indumentaria litúrgica de los monasterios e iglesias. Son escasas las piezas que se han conservado íntegras; éstas están labradas todavía con motivos geométricos y minúsculas floraciones vegetales, como el terno de San Valerio, conservado en el Museo Textil de Barcelona. Son, en cambio, suficientemente abundantes los fragmentos de tejidos que ponen de manifiesto su gran variedad y riqueza. Pieza capital es el palio denominado de las «Brujas» del Museo Episcopal de Vic; impresionante por sus dimensiones. Tejido de seda en el que predominan las tonalidades verdes y amarillas en las figuras de los animales fantásticos, que destacan sobre un fondo rojo en unas posiciones simétricas con cuerpos afrontados o bien fundidos en una cabeza común.

Son menos abundantes los bordados. Estos se confeccionaban con seda de color, y también con hilos de lana. No obstante, se combinaron con hilos de oro a partir del momento en que los Cruzados lo importaban de Chipre; si bien en Génova, ya en el siglo XI, los imitaban con hilo de seda cubierto de plata dorada.

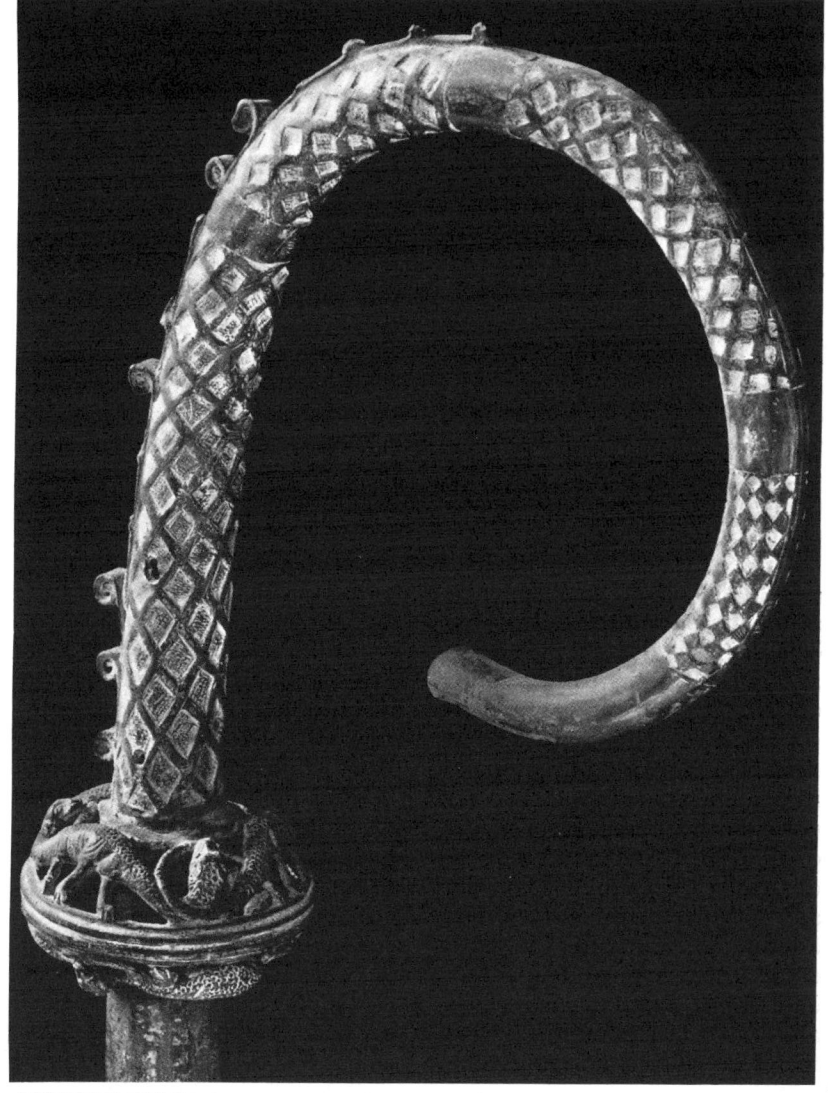

Báculo conservado en el Museo Episcopal de Vic.

En este aspecto, una de las piezas principales es el estandarte de San Ot que, procedente de Urgell, figura actualmente en el Museo Textil de Barcelona. Es de tela de lino cubierto de bordado a punto de cadeneta con sedas de color; sobre fondo de color rojo se ve al Pantocrator circundado por los símbolos de los Evangelistas, dentro de una pieza rectangular, de la que cuelgan tres gallardetes. Cada uno lleva bordado un personaje femenino representando a tres monjas, en actitud de adoración con un libro en la mano izquierda. Posiblemente una de ellas sería la bordadora del siglo XIII, que firmó su obra ELISAVA ME FECIT. Es de señalar la singular importancia del famoso «Tapiz de la Creación», de 3,65 x 4,70 metros, bordado a punto de cadeneta con lana de color sobre tejido de lino basto. Su grandiosidad viene centrada por la figura del Pantocrator. En su entorno se abre una zona circular dividida radialmente para formar los compartimentos donde están representadas escenas de la Creación que ilustran fragmentos del texto bíblico. En los ángulos llenan el espacio la representación de los cuatro vientos personificados por niños desnudos, con alas extendidas y pies reforzados con aletas, que soplan unos cuernos dobles, sentados sobre un bote de cuero que se deshincha arrojando los vientos. La orla que enmarca toda la composición está formada por recuadros, dentro de los cuales se desarrolla la personificación del año y de las cuatro estaciones, además de Sansón y de Abel entre dos de los ríos del paraíso, en la franja superior. Las escenas alusivas a la figuración de los meses del año, están representadas en las franjas verticales, entre las que se intercala la personificación del sol y de la luna. No se conserva la franja inferior en la que corresponderían los temas de los meses restantes, puestos entre los otros dos ríos del paraíso, situados en el extremo. Sobre esta franja se extendía otra, que es la que forma la parte inferior del tapiz en la actualidad, reservada a contener dentro de seis recuadros, la historia de la invención de la Santa Cruz, por Santa Elena. Esta pieza fue ideada para ser destinada en función de baldaquino o fondo del altar de la Santa Cruz, levantado en la capilla del Santo Sepulcro que se construyó alrededor del año 1100, sobre la galilea de la Seo de Gerona.

Las cruces de orfebrería, cuyos ejemplares más valiosos cincelados en oro y plata con gemas engastadas, no se han conservado. No obstante, tuvieron mayor difusión cuando fueron labradas en materiales menos nobles como planchas de metal y sobre todo en cobre cincelado y esmaltado, según venían de los talleres de Limoges. Más numerosas fueron las cruces en madera tallada y pintada. Se tuvieron en gran estima las que se confeccionaban en cristal de roca a partir del siglo XIII. De procedencia oriental, son notables los ejemplares de cruz-relicario. Una conservada en Bagà, confeccionada en plancha de plata repujada, con una leyenda en griego y pequeñas orlas que envuelven la «theca» o caja de reliquias del Lignum Crucis. Otra, conservada en el Museo Diocesano de Barcelona, procedente de Sant Cugat del Vallès, es parecida a otro ejemplar de Sant Pere de Roda. Están confeccionadas ambas en bronce y llevan la figura de Cristo crucificado, vestido con colobio, en mayor tamaño, entre la Virgen y San Juan y las figuraciones del sol y de la luna. En el reverso la Virgen orante, entre medallones que circundan los bustos de los Evangelistas. Los ejemplares de cruces cinceladas y esmaltadas son numerosos. Generalmente son de tradición limosina. Llevan la figura de Cristo en Majestad, tocado con corona y, a veces, en los extremos de los brazos, los bustos de la Virgen y San Juan, el sol, la luna y la figura de Adán, mientras el reverso está reservado al Pantocrator y a las figuras de los Evangelistas. En otros ejemplares, uno de ellos en el Museo de Vic, la figura de Cristo está representada en relieve sobre la misma cruz y sobresale de un fondo cubierto de esmalte.

Como ejemplo de un trabajo en plata cincelada y dorada, ya del siglo XIII, es la cruz del Museo Diocesano de Barcelona, procedente de Riells del Fai. La cruz se ensancha formando círculos en los extremos de los brazos, donde se inscriben unos medallones que contienen las figuraciones destinadas a acompañar la figura de Cristo, situada en el centro del anverso de la cruz, mientras la figura del Cordero Místico se halla en el reverso. Esta fórmula prevalece como definitiva y se impone en las grandes cruces de altar.

Si no podemos hablar de cálices de oro y plata, en cambio sí podemos señalar la presencia de otros labrados con materiales inferiores, como son el estaño, o una aleación de cinc, plomo y plata que proceden a menudo de sepulturas. Son de forma simple: copa cónica unida por un nudo al pie circular, como los que existen en el Museo de Vic, todavía del siglo XIII. En cambio, son mucho más abundantes los «pixis» eucarísticos de caja circular, con tapa de forma cónica, y también los copones de cobre dorado y esmaltado, según las formas prodigadas por los talleres de Limoges. De estos talleres procedían también otras piezas destinadas a diversas funciones del culto, ante todo y, principalmente, las arcas-relicario que prevalecen sobre las piezas que procedían de otras manufacturas y estaban destinadas a otros usos. Fueron realizadas en plata o cinceladas sobre placas de marfil, y también en madera policromada. Algunas de ellas se utilizaron para guardar las reliquias en las consagraciones de los altares, «lipsanotecas», función para la cual fueron también utilizadas piezas notables de cristal y pequeños cofres de alabastro.

Son característicos también de la orfebrería de la época los báculos episcopales de cobre con esmaltes, e incluso de marfil y, a menudo tallados en madera policromada, como el que se conserva en el Museo Diocesano de Barcelona, con el Agnus Dei en la voluta. Procede del sepulcro del Abad Clascari de Sant Cugat del Vallès, muerto en 1244. También hay que citar las cubiertas de los evangeliarios cinceladas con figuraciones, flanqueadas con gemas. De ellas existe un ejemplar en la Seo de Gerona, que está desprovisto de las planchas de plata que cubrirían, posiblemente, los relieves esculpidos de la madera.

No podemos olvidar el arte inefable que encierran los pequeños incensarios románicos, en sus formas simples y utilitarias. Tienen forma de bola y están constituidos por una cuenca semiesférica sobre la cual se adapta la capa calada por medio de cortas barritas de hierro que permiten accionarla, o de las cadenas que los sustituyeron. Las incisiones que constituyen la ornamentación en relieve o en trabajo de repujado, se inspiran en el temario floral de la escultura, entre el cual, con ritmos de círculos entrelazados, aparecen también figuraciones de animales y representaciones sagradas. El esmalte a menudo fue utilizado como complemento decorativo, procedimiento que se extendió a las navetas, resueltas en forma de barca. La colección de incensarios del Museo de Vic, es una de las que atesora mayor número de piezas. En este conjunto aparecen una gran diversidad de tipos y variantes.

La forja catalana entró muy pronto en acción, con la producción de objetos de hierro extraído de las canteras del Pirineo. Entre otras piezas están los pequeños candelabros formados por un tallo decorado con dos o tres anillos tronco-cónicos dobles, acabados en punta para sostener el cirio; se sostienen mediante un trípode de pies doblados. Los artistas se deleitaban en perfeccionar la forma; de esa manera los dotaron de un triple tallo, o bien acoplaron un círculo en la parte alta, rematado con una rebaba dentada para fijar en ella las candelas. Están también las coronas de luz hechas de círculos que quedaban suspendidas por medio de barritas de hierro o cadenitas, dispuestas en un plano único, o en más complicadas combinaciones de círculos reducidos de tamaño. En los cuales, mediante unas expansiones de anillos, podían ponerse los cirios, o bien colgar en ellos pequeñas lámparas o cubiletes de aceite.

Incensarios románicos conservados en el Museo Episcopal de Vic.

Con el fin de dar o imprimir un aire más monumental a las primitivas estructuras de los candelabros y coronas de luz, pronto se utilizó hierro laminado liso, o ligeramente modelado con incisiones y cortes. El trabajo de la forja se manifiesta principalmente como solución decorativa de las puertas de las iglesias con los goznes aplicados sobre madera, que en bandas paralelas de hierro se rizan en volutas simétricas en los extremos, siguiendo el modelo de los antiguos tal como se ven en muchas de las construcciones románicas. Esa misma estructura caracterizó también la forma de las rejas a base de dobles volutas simétricas, que se repiten adosadas sobre unas barritas, a las cuales están fijadas por medio de grapas.

Las piezas de mobiliario que nos han llegado de tiempos románicos, son mucho mas reducidas si se prescinde de los altares y sus complementos. Es en la frontera de Aragón, en la iglesia que fue la antigua Sede de Roda de Isábena, donde se conserva un magnífico trono pontifical, o faldistorio de talla de madera de boj. Su forma es cruzada y los pomos superiores están resueltos en cabezas de leo-

nes que devoran un pequeño animal. El asiento posiblemente sería de cuero tapizado de rica tela. Va enteramente decorado con franjas y florones entre los que alternan motivos de fauna y flora, delicadamente estilizados. Se ha atribuido al obispo San Ramón, quien vivió en el primer cuarto del siglo XII.

El Museu d'Art de Catalunya, guarda una pieza muy curiosa procedente de Sant Climent de Taüll. Es un banco presbiterial de tres asientos cubiertos con dosel, apoyado sobre ligeras columnas; está decorado con profusión de calados y relieves a base de arcos de herradura y concavidades circulares parecidas a las de los antipendios del siglo XII.

La talla en madera

El desarrollo de las artes experimentó un fuerte impulso en las últimas décadas del siglo XI. La escultura en piedra consolidó su valor decorativo para la arquitectura, así como la pintura. La talla en madera siguió el movimiento general y desde el siglo siguiente se incrementaron en las iglesias las imágenes para el culto talladas en madera.

Desde las grandes invasiones bárbaras, que habían eliminado las representaciones figurativas, reducidas prácticamente a elementos decorativos, no se había producido un movimiento artístico semejante que adquirió rápidamente una fuerza extraordinaria y se difundió ampliamente.

El renacimiento románico encontró aquí un campo de expansión idóneo porque los temas iconográficos pervivían en las miniaturas, en las artes del metal y en el cincelado del marfil. Este despertar coincidía con el renacimiento de la cultura artística bizantina que al difundirse por Occidente supuso un florecimiento de las obras de arte por el incesante intercambio de artistas peregrinos y la intensificación de todo tipo de viajes. También contribuyó en gran parte la veneración por las reliquias. Monasterios e Iglesias se enorgullecían de poseer estos tesoros sagrados expuestos en arquetas sobre los altares. A finales del siglo X aparecen los relicarios, ornamentados con figuraciones y que, realizados en oro, plata o cobre repujado, serán admirados todavía como una novedad a principios del siglo siguiente. Su exposición atrajo la devoción hacia la imagen que contenía las reliquias y por ello pudieron difundirse en la medida en que fue posible imitarlas en madera interpretándolas con más exactitud gracias a la policromía. Si las necesidades litúrgicas exigían la presencia de la imagen de Cristo crucificado sobre el altar, la devoción a la Virgen hizo no menos obligatoria la presencia de su imagen sobre el altar que la mayoría de las iglesias le dedicaron desde el siglo XII, cuando no le estaban consagradas por entero. Esta demanda vino a ser satisfecha por los tallistas con obras realizadas según unos cánones bastante precisos pero dejando a los artistas una cierta libertad en los detalles. De este arte popular se pueden señalar algunos modelos más extendidos que otros, o más representativos de los grupos estilísticos, repartidos habitualmente según regiones determinadas. De vez en cuando algunos artistas dotados de una imaginación más rica, y de una personalidad más acusada, rebasan estos estrechos marcos. Es el caso, por ejemplo, de los que tallaron los Descendimientos de la Cruz y de los que intentaron tallar frontales y retablos incluyendo figuras de santos desde el momento en que la imaginería adquiere un predominio absoluto en la sensibilidad del pueblo cristiano.

No es fácil mostrar de forma sintética el lugar capital que ocupa, en la historia del arte de la época, este espléndido conjunto de imágenes –sobre todo de imágenes de la Virgen– que todavía hoy se veneran en iglesias y santuarios o enriquecen los tesoros de los museos y de las colecciones particulares. A menudo faltan elementos seguros de datación y se ignora la procedencia de la mayor parte de las obras. Por otra parte, la tipología tampoco ofrece elementos cronológicos precisos que deberán buscarse en los colores empleados o en los detalles decorativos. Ahora bien, si las sucesivas capas de pintura no los han eliminado por completo, a menudo les ha despojado de su sabor primitivo.

Cristo Majestad de Batlló (MAC).

La talla en madera, originalmente policromada, se limita a unos temas muy concretos: Cristo crucificado mediante la forma solemne de Majestad, o bien en la forma narrativa del Cristo doliente; los grupos de los Descendimientos de la Cruz, las imágenes de la Virgen; las piezas en relieve de los frontales y las bases de los retablos.

El Cristo en Majestad, la imagen que caracteriza mejor el gran momento del románico que evoca, es una figura de notable concepción técnica, elaborada por la espiritualidad monástica o por la cultura eclesiástica que de ella deriva. La figura de Cristo glorioso desciende de la mandorla pintada en las bóvedas de cascarón de los ábsides, surge de las miniaturas de los libros sagrados y se alza, superpuesta y desclavada, en este trono vertical que es la cruz triunfal.

Reducido el volumen de la figura divina, ésta abandona el gesto de bendición y el manto majestuoso para no conservar sino la túnica que le permite extender los brazos más libremente. Se aproxima así al altar y se identifica con él; la función redentora se hace más evidente; esta maravillosa imagen es el símbolo de una soberanía adquirida: Cristo reina sobre el feudo de sus fieles que le rinden vasallaje. Su origen es el Cristo oriental, vestido con el *colobium* o túnica ceñida sin mangas, pero no conserva más que la actitud y nobleza de la cabeza. Su indumentaria comprende la túnica principesca, confeccionada en ricas telas con motivos orientales o moriscos, decorados con arabescos. Esta túnica va ceñida por un cinturón anudado cuyos extremos penden. Sólo le falta la corona real que le

será añadida cuando la imagen evolucione bajo la influencia de los esmaltes de Limoges.

Uno de los ejemplares más bellos –desgraciadamente mutilado– conserva todavía el manto plegado sobre la túnica. Se trata del Cristo en Majestad de Caldes, del que únicamente se conserva la cabeza, impresionante por su talla hierática, de rasgos realistas, que aparecen entre una abundante cabellera y una barba rizada. Su factura arcaica ofrece un estilo esmerado, muy lejano de otros modelos más simples que se conservan en la actualidad.

La imagen grandiosa de Baget marca el apogeo de los talleres que han realizado también con

Cristo Majestad procedente de Ellar (MAC).

ejemplar del Museo de Barcelona, proceden de la iglesia de Martinet. Con ellas enlaza una tradición que tiene réplicas semejantes en la otra vertiente de los Pirineos. El parentesco de algu-

La Virgen (MAC).

técnicas diferentes la Majestad de Batlló (en el Museo de Barcelona), interesante por su rica policromía que imita tejidos con motivos bordados sobre la túnica.

Las imágenes de Sant Joan les Fonts (en el Museo de Gerona), de Les Planes y de Bellver (en el Museo Episcopal de Vic) y un

Descendimiento de la Cruz procedente de Eric-la-Vall (Museo Episcopal de Vic).

nas de estas obras con la escultura monumental de Ripoll de mediados del siglo XII, y la convergencia de los temas que decoran las cruces con las pinturas realizadas a lo largo de las déca-

San Juan (MAC).

das siguientes en este mismo centro artístico, han hecho que Cook y Gudiol se inclinen por fechar en este período las imágenes que presentan, por otra parte, muchas afinidades con la célebre Santa Faz de Lucca.

La representación del Cristo crucificado, ejecutada según cánones más realistas, es ciertamente

En las páginas siguientes:
▶
Virgen del claustro de Solsona.
▶▶
Virgen de la Abadía de Montserrat.

muy distinta. El Crucificado está sujeto a la cruz por cuatro clavos, y una sencilla tela, que cae desde la cintura hasta las rodillas, ligeramente plegadas, cubre su desnudez. Esta imagen revela gran emoción debido a su intención narrativa, que el arte del marfil había divulgado ampliamente. Allí se encuentra una concepción que no tendrá solución de continuidad, en lo sucesivo, en el medio popular.

Uno de los ejemplares más arcaicos era el Cristo desaparecido del Monasterio de la Portella, todavía muy cercano a la rigidez característica de los Cristos en Majestad. En la imagen del Cristo muerto, el ejemplar de Manresa modifica la forma humana, modelada en volúmenes más redondeados. Otras estatuas de factura análoga –una en el Museo Mares de Barcelona y otra en el Museo Episcopal de Vic–, supondrían un modelo que se habría propagado ampliamente. Las artes populares de la talla se lo adueñaron; curvaron el cuerpo proporcionalmente a la horizontalidad de los brazos y superpusieron los pies para poderlos clavar con un solo clavo, a medida que el realismo triunfaba. En la región montañosa se conoce el Cristo de Salardú, realizado con una notable habilidad estilística y un sutil análisis de las formas anatómicas. Esta obra se debe al hábil artesano que talló la parte conservada del busto de un Cristo de un Descendimiento de la Cruz, en el valle medio de Arán, busto que impresiona por su rostro que, en éxtasis, se revela vencedor del dolor del suplicio. Un ejemplar del Museo de Barcelona, procedente de Cabdella, renueva la fórmula arcaica tradicional, mientras que el de Targó de Noguera, en el mismo museo, sigue de cerca los tipos difundidos por la orfebrería, y el de Olp evoca todavía más los procedentes de la región de Ribagorça donde se manifiesta la influencia del maestro de Erill. Este último ha dejado su huella en algunos ejemplares conservados en el Museo de Barcelona. Una de estas estatuas está fechada en 1147 por el documento que, unido a las reliquias, está colocado en una cavidad practicada en el dorso de la talla. Se efectuó otro paso hacia el realismo cuando se completó el tema de la crucifixión, uniendo a la figura de Cristo las de la Virgen y San Juan. Así se llegó a los grupos monumentales de los Descendimientos de la Cruz que el maestro de Erill interpretó con un hieratismo y sentimiento grandiosos, como demuestra su obra maestra, conservada en los Museos de Barcelona y de Vic. Vivió en el momento del florecimiento artístico que siguió a la construcción de las iglesias de Taüll y a su decoración –primer cuarto del siglo XII– y dejó su huella en otros grupos análogos en los valles de Ribagorça. Un grupo similar, notable, se conserva en Sant Joan de les Abadesses. Tallado en 1250, aúna al estilo de los períodos precedentes, una movilidad mayor, sobre todo en las figuras secundarias, menos sujetas a los cánones tradicionales que la de Cristo.

Las tallas de la Virgen en madera policromada proliferaron en todas las iglesias desde el siglo XII. La veneración popular ha permitido la conservación de un gran número de ejemplares que, aunque no parecen pertenecer a un período más antiguo, suponen modelos anteriores de los que habrían derivado. Su iconografía responde a una concepción básica que parte siempre de la representación de Cristo viviente, pero

transfigurado, cuya divinidad se humaniza en la maternidad de María. El regazo de la Virgen es el trono donde Cristo, vestido con una túnica y un manto, esboza un gesto de bendición, sosteniendo el Libro, conforme al canon inconográfico reinante. A veces, como en algunos de los modelos más arcaicos y característicos, el prototipo de esta Virgen viste una casulla sacerdotal y una cofia. Más tarde se debió reemplazar la casulla por un manto cruzado sobre los hombros entre cuyos pliegues pasan las manos. Otras veces el manto está abierto a los lados y deja ver un vestido sin mangas. El velo cae de forma natural por los hombros y, más tarde, va sujeto a la cabeza mediante una diadema real almenada con flores de lis o florones, análoga a la de Cristo, lo que revela una neta tendencia a glorificar a la Virgen por ella misma, en sus prerrogativas de Madre de Dios. La manzana que tiene en la mano alude al pecado original, puesto que ella ofrece el antídoto del pecado: Cristo, fruto de la gracia, que ella muestra sentado sobre su regazo o sobre su rodilla izquierda. La idea de la maternidad se resaltaba mucho todavía hacia el siglo XIII. Entonces representaban a la Virgen amamantando a su Hijo, sentada sobre un taburete o sobre un trono de cuatro patas con los ángulos adornados con pomas y con el respaldo semicircular y con un cojín apoyado sobre el asiento. La Virgen pierde poco a poco su rigidez primitiva y se dulcifica hasta llegar a reflejar actitudes maternales.

Resultado de la antigua iconografía bizantina, la Virgen llega a la escultura occidental a través de las estatuas-relicarios, realizadas en metales preciosos y también en cobre esmaltado, que constituían bienes inestimables. Algunas de estas imágenes estaban talladas en madera y recubiertas con placas de plata, como aquella de la catedral de Gerona que conserva el tipo primitivo y está vestida con una casulla. Pero la gran mayoría de las estatuas que han llegado hasta nosotros llevan decoración policromada e imitan el esplendor del metal. Su suntuosidad no se contenta con imitar a la pedrería en las orlas, sino que se sirve de los relieves de estuco, siguiendo la técnica de la época románica final, para dar alguna ilusión de esplendor ornamental.

La producción intensiva da lugar, de vez en cuando, a nuevos métodos para la talla de la madera. Estas novedades encontrarían un eco en ambientes determinados donde serían más o menos empleadas, según fueran obra de artistas viajeros que ejercían su arte en varios centros artísticos, o fuesen obras importadas, como probablemente fue el caso de la Virgen del claustro de Solsona, realizada en piedra con maravillosa destreza. Las estatuas veneradas en santuarios célebres, como son ahora la de Montserrat, la de El Tura d'Olot o también las importantes tallas de algunas iglesias, tales como la Virgen de Andorra, la de la Seo d'Urgell, la de Bastanist, la de Cubell y la de Cervera, así como las numerosas piezas conservadas en los museos —sobre todo de Barcelona y Vic— y en las colecciones particulares, permiten seguir la inmensa variedad en los detalles que ha podido realizarse a partir de un modelo al que todas hacen referencia. En algunos momentos parece que se haya producido una verdadera explosión artística que se revela en esta innumerable constelación de tallas de María.

Las grandes obras de metal utilizadas en la decoración de los altares, así como en los frontales de oro y plata y los de cobre esmaltado, realzados con pedrería, imitados en seguida por las pinturas sobre tabla inspirarían igualmente, y de forma aún más inmediata, los frontales, de conservación más difícil, que estaban tallados en madera o simplemente en relieve.

El mejor modelo conocido es el del Museo de Vic que proviene de Sant Pere de Ripoll. Está dividido en casetones, rematados por un arco y albergan estatuas de apóstoles alrededor de la imagen central de Cristo en Majestad. Es una obra de mediados del siglo XII, que mantiene el estilo de la escuela de Ripoll, de módulos muy diferentes a los de los escultores de Ribagorça. Citemos como ejemplo el de Santa María de Taüll, en el Museo de Barcelona, con el Pantocrator entre los doce Apóstoles; el de Erill, conservado en los Estados Unidos, en una colección particular; el adornado con imágenes de obispos proviniente de Buira y actualmente en el Museo de Lérida. Una concepción diferente, incluso en el aspecto técnico, aparece en un frontal con el Pantocrator entronizado, en medio de los apóstoles, procedente de Benavent de Tremp y que se conserva en el Museo de Barcelona. Esta obra, perteneciente al siglo XIII, representa claramente una evolución hacia otros tipos de composición que dejarán sitio a las escenas figurativas como, por ejemplo, las que se encuentran en el altar de la catedral de Tarragona, talladas en alabastro y en el del monasterio de Sant Cugat del Vallès, y actualmente en el Museo de Turín, que se puede fechar en 1274.

Talleres menos hábiles hicieron uso de técnicas más sencillas para realizar magníficos frontales. Emplearon estuco, que permitía la realización de estos últimos en forma de relieves policromados. Pueden citarse como ejemplos característicos: el frontal de Ginestarre de Cardós, fechado en 1225, conservado en el Museo de Barcelona, que representa al Pantocrator rodeado por el Tetramorfos y los doce apóstoles, situados bajo una serie de arcadas. El de Esterri de Cardós, conservado en una colección particular de los Estados Unidos, cuyo tema es la Virgen acompañada de imágenes de santos colocados en una disposición análoga a la del frontal de Alós, puede verse en el Museo de Barcelona. En este mismo Museo se puede admirar igualmente el frontal de Planés, donde parece que el artista haya querido imitar el efecto de los esmaltes.

Aún más escasas son las obras talladas destinadas a adornar el altar a modo de predelas. Algunas han debido servir de fondo a estatuas de la Virgen o de santos y, sin duda, debían acompañar a los pequeños edículos que les abrigaban. La transformación sufrida por esta parte del altar cuando se desarrolló más tardíamente la moda de los retablos, ha hecho más difícil la conservación de estas piezas, en las cuales la talla encuentra igualmente un terreno de expresión, aunque habitualmente estaban constituidas por pinturas. El Museo de Barcelona conserva una predela de este tipo que procede del alto Pallars. Dominada por la talla de la Virgen, ya no incluye las imágenes que, probablemente, debían ocupar las arcadas del fondo, así como puede verse en otra predela que posee el Museo de

Barbastro y que proviene de Obarra. Hay que citar igualmente los altorrelieves que constituían las puertas de un tríptico que, procedentes de Sant Martí Sarroca, se encuentran actualmente en el Museo de Barcelona. Esta obra data ya de la segunda mitad del siglo XIII.

Además de estos ejemplos importantes, habituales en la talla en madera, algunos tipos de estatuas han llegado hasta nosotros. Entre ellos, debe señalarse especialmente: el Salvador, llevando una casulla sobre su túnica, y la imagen del Pantocrator, tallada en la forma tradicional. Estas dos piezas, que muy bien pueden conectarse con la mejor escultura del siglo XII, se conservan en el Museo Episcopal de Vic.

APUNTES DE VIAJE

APUNTES DE VIAJE

APUNTES DE VIAJE

APUNTES DE VIAJE

APUNTES DE VIAJE

… APUNTES DE VIAJE

APUNTES DE VIAJE

APUNTES DE VIAJE

APUNTES DE VIAJE

APUNTES DE VIAJE

APUNTES DE VIAJE

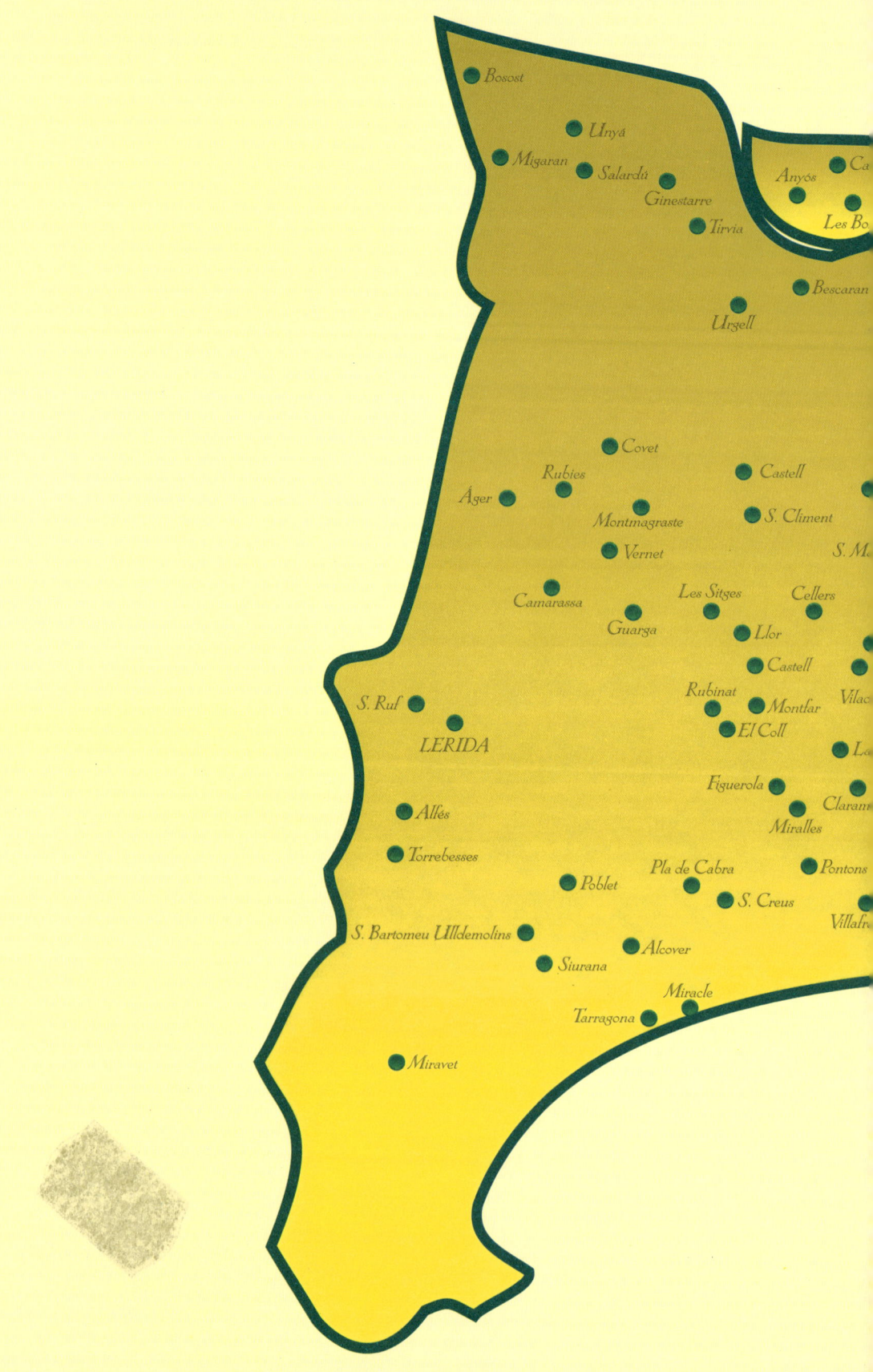